逻辑势——高速 CMOS 电路设计

〔美〕Ivan Sutherland
〔美〕Bob Sproull　著
〔美〕David Harris

何安平　高新岩　译

科学出版社

北　京

图字：01-2016-9608 号

内 容 简 介

　　这是一本帮助读者设计高速电路的专业著作，本书对快速分析和优化大规模电路提供了一种有效的设计思路。通过逻辑势技术的引入，无论是新手设计者还是有经验的设计者，都能获得设计高速电路的一般规律。逻辑势是一个多学科的交叉领域技术，需要读者具有较高的数学基础和电路基础，对于大多数高速电路设计者来说，这显然是应该具备的能力。与传统的 RC 分析方法相比，逻辑势方法提供了一种优化电路时值得考虑的全新思考角度，事实上，即使与最有经验的工程师设计出来的电路相比，用逻辑势方法设计的电路也丝毫不落下风。逻辑势方法不但简单，而且能成功地衔接电路结构设计和仿真分析，这就是其合理性和价值。

　　本书主要面向高速 CMOS 电路设计人员。

图书在版编目(CIP)数据

逻辑势：高速 CMOS 电路设计 /（美）艾文·萨瑟兰（Ivan Sutherland）等著；何安平，高新岩译. —北京：科学出版社，2021.7
书名原文：Logical Effort: Designing Fast CMOS Circuits
ISBN 978-7-03-067903-1

Ⅰ. ①逻… Ⅱ. ①艾… ②何… ③高… Ⅲ. ①CMOS 电路—电路设计
Ⅳ. ①TN432.02

中国版本图书馆 CIP 数据核字（2020）第 271535 号

责任编辑：杨慎欣　张培静 / 责任校对：樊雅琼
责任印制：吴兆东 / 封面设计：无极书装

科 学 出 版 社 出版
北京东黄城根北街 16 号
邮政编码：100717
http://www.sciencep.com
北京中石油彩色印刷有限责任公司 印刷
科学出版社发行　各地新华书店经销
*
2021 年 7 月第 一 版　　开本：720×1000　1/16
2023 年 2 月第二次印刷　　印张：16 1/4
字数：328 000
定价：106.00 元
（如有印装质量问题，我社负责调换）

Elsevier (Singapore) Pte Ltd.

3 Killiney Road, #08-01 Winsland House I, Singapore 239519

Tel: (65) 6349-0200; Fax: (65) 6733-1817

Logical Effort:Designing Fast CMOS Circuits

Ivan Sutherland, Bob Sproull, David Harris

Copyright © 1999 Elsevier Inc. All rights reserved.

ISBN-13: 978-1-55860-557-2

注意

原著作者简介

Ivan Sutherland 现任太阳微系统实验室（Sun Microsystems Laboratories，简称 Sun）副总裁兼研究员。他在卡内基梅隆大学、加州理工学院和麻省理工学院获得电气工程学位，之后在哈佛大学、犹他大学和加州理工学院任教。1963 年，他的博士论文《机器人绘图员》（"Sketchpad"）为交互式计算机图形学奠定了基础。20 世纪 60 年代末，他与 Bob Sproull 一起建立了第一个 "虚拟现实" 系统，并在过去 20 年来一直致力于集成电路设计。他们于 1968 年共同创立了 Evans and Sutherland Computer Corporation，并于 1980 年共同创立了 Advanced Technology Ventures，然后 Ivan 在担任了 10 年的独立顾问后，于 1990 年加入 Sun 担任副总裁兼研究员。Ivan 是美国国家工程院院士和美国国家科学院院士，也是美国计算机协会（ACM）的成员。他是 ACM 图灵奖和 IEEE 冯诺依曼奖的获得者。

Bob Sproull 也是太阳微系统实验室的副总裁和研究员，领导着它的应用技术中心。自大学时代起，他一直致力于计算机图形的硬件和软件的构建，如早期独立于设备的图形包、剪切硬件、页面描述语言、激光打印软件和窗口系统。他也曾参与超大规模集成电路（VLSI）设计，特别是异步电路和系统。在加入 Sun 之前，他是 Sutherland, Sproull, & Associates 的负责人，是卡内基梅隆大学的副教授，也是施乐帕克研究中心（Xerox Palo Alto Research Center）成员。他是早期《交互式计算机图形学原理》书稿的合著者，也是美国国家工程院和美国空军科学顾问委员会的成员。

David Harris 是哈维·穆德学院（Harvey Mudd College）工程系的助理教授，也是 Sun 的顾问。他获得了电气工程和数学的学士学位。1994 年在麻省理工学院获得电气工程和计算机科学博士学位，1999 年在斯坦福大学获得电气工程博士学位。他的专业兴趣包括高速电路和逻辑设计、微处理器研究和教学。不做芯片的时候，他通常会去爬山。

序

《逻辑势——高速 CMOS 电路设计》一书是电路和计算图形学先驱、图灵奖获得者 Ivan Sutherland 以及其他两位专家 Bob Sproull 和 David Harris 的智慧结晶。他们在 20 世纪 80 年代晚期发明了一种对基于 CMOS 的逻辑电路进行延迟分析的数学方法，称为逻辑势（logical effort）。之后他们对逻辑势进行归纳总结，形成了《逻辑势——高速 CMOS 电路设计》这本著作。

电路的延迟是高速集成电路设计人员最关心的因素，它决定了集成电路的性能。为了优化电路延迟，设计人员要考虑电路拓扑结构、晶体管的大小以及逻辑的级数等多种设计选择。因此，设计人员经常需要花费大量时间，对逻辑门的设计进行调整来达到给定的延迟要求。

而逻辑势就是一种围绕电路延迟的概念和方法，它可以利用不同电路拓扑的对比来选择速度较快的设计。逻辑势同时也提供了一种以最小化电路延迟为目标来选择门大小的方法。应用逻辑势方法，可以确定完成特定功能的电路的最佳逻辑层级数。逻辑势的概念为高速电路的设计提供了简单通用的方法，甚至能够在纸上手工计算完成。逻辑势方法可以估计电路拓扑、电容电阻和逻辑门尺寸等因素所导致的电路延迟。逻辑势的提出，为设计人员面对高速 CMOS 电路设计的挑战提供了新的武器。

该书的前几章为读者介绍了足够的基础知识来理解逻辑势理论的基本概念和必要过程，使得读者能够快速理解其含义并试用逻辑势方法。在后面的章节里，作者更加深入地探讨逻辑势理论和方法的细节，为更高阶的应用做准备。

该书主要面向高速 CMOS 电路设计人员。该书所提出的逻辑势方法，可以用于多米诺逻辑（domino logic）、传输门（transmission gate）、上升延迟和下降延迟不同的电路、宽结构电路、译码器和异步电路等不同类型电路的设计。

该书于 1999 年由美国 Morgan Kaufmann 出版社出版，截至 2020 年 3 月，Google 引用达到 983 次。我搜索了 2015～2020 年学者在电气和电子工程师协会（IEEE）发表的论文，引用逻辑势概念的论文就达到了 150 余篇，而且仅自 2019 年至今就有 30 余篇。这些都说明，虽然该书成书已经有二十余年，但是在高性能低功耗的 CMOS 电路设计领域，该书的影响力依然很大。

兰州大学副教授何安平老师读博士期间，师从 Ivan Sutherland 教授学习异步电路技术，回国后在兰州大学一直致力于异步电路技术的研究。他在研究过程中接触到逻辑势的概念，认为逻辑势的理论和方法具有极高的研究和实践价值，遂产生向国内学界和产业界推广这一理论的想法。经过何老师的精心翻译，现在该书中文版面世，为国内的集成电路设计人员、EDA 工具设计人员以及微电子专业的老师和学生领略大师的智慧结晶提供了方便，为促进我国集成电路设计和教育事业的进步做出了贡献。我们应该对何老师的执着和努力表示敬佩和感谢。

王　蕾

国防科技大学

2020 年 3 月

译 者 序

本人 11 年前由国家留学基金管理委员会资助，赴美国学习期间，在原著作者之一 Ivan Sutherland 教授及其夫人 Marly Roncken 教授的指导下开始系统学习和实践异步集成电路设计和时序分析验证技术。其间在研究基于行为符合的时序分析时，我一直想更加细致地掌握这种形式化分析技术内在的来龙去脉，从而尽可能地将所采用的形式化方法落到实处。

在与 Ivan Sutherland 和 Marly Roncken 两位教授深入探讨时，Ivan Sutherland 教授着眼于电路的内在机理，他眼中没有数字、模拟之分，一直担心形式建模的粒度所导致的时序分析与验证的精度问题，我们时至今日依然在探索各种可以令人信服的方法。另外，我们一致认为，在应用时序分析的结论时，尤其是将在 Marly Roncken 教授指导下我们所获取的电路系统内在的相对时序规则应用到特定工艺制程下的电路实现时，该书给出的逻辑势技术提供了一种切实可行的方法。

除了分析与评估电路系统之外，逻辑势技术也有助于工程师设计高速电路。与传统的 RC 分析方法相比，基于逻辑势方法可以更加快速地评估多种电路实现方案，甚至工程师口算就可比较并选择出理想的电路设计，事实上即使与最有经验的设计者设计出来的电路相比，用逻辑势方法设计的电路也丝毫不落下风，且更简单！无论是新手设计者还是老手都能通过逻辑势技术，领悟高速电路设计的理论，获取相关经验。

原著的编撰经历了漫长的过程，从 Ivan Sutherland 教授萌发逻辑势的想法并形成备忘录，到 Bob Sproull 教授加以梳理完善，再到 David Harris 教授将其整理成书，整个过程持续了数年之久。同样的，为了保证翻译的准确性和表述的完整和简洁，此书的翻译也经历了近三年的时间，其间两易其稿，小修改无数。尤其在"effort"这个词的翻译上，译者同国内外的专家广泛交流了看法与意见，最终选择"势"这个词，代表了一种能力、代价或者趋势。

为了保证翻译质量，译者团队"兰州大学异步系统团队（AsyncSys）"成员分两次仔细校正了本书。在本译作完稿之际，对参与校正工作的老师和学生（苏振明、毛乐乐、刘晓庆、冯广博、郭慧波、贾婷婷、余旅莹、程海波、庄凯凯、于飞扬、韩敬竹、李鹏飞、丁明、邓伟翔、梁东林、梁钰清、温立、张浩杉、张泰一、林瑞华、魏杰、刘明兵、奚瑞、王艳等）表示最诚挚的感谢。特别要感谢团队的王艳同学，定稿以后又仔细对照英文原版，找出了多个翻译错误和疏忽，甚至发现了英文原版的计算和推导错误。

这本《逻辑势——高速 CMOS 电路设计》译作虽经我们多人反复修正校对，但限于我们的知识水平，部分翻译内容可能有不足之处，希望有关方面专家和广大读者不吝指教，译者电子邮箱：heap@lzu.edu.cn。

何安平

2020 年 1 月

开　篇

　　逻辑势方法经历了三个发展阶段。逻辑势的概念于 1985 年形成，当时我在伦敦与 Bob Sproull 一起参与一项高速异步电路的研究，涉及穆勒（Müller）C 单元和异或函数。当时缺少电路的仿真工具，我只好采用数学演算手段以提升电路速度，相较于我必须思考的问题的计算原理，我推荐的计算公式本身更获成功。这种计算延迟的方程揭示出逻辑延迟和电气延迟间的简单相似性，其原因在于穆勒 C 单元和异或函数关于 0 和 1 是对称的，同时幸运的是通常其实现电路关于 N 型和 P 型晶体管也对称。我们后来才尝试处理对称性弱一些的逻辑函数，比如与非和或。

　　我可以清晰地回忆起逻辑势想法萌发时的那一周。刚开始，我只是对这些方程的内涵有点头绪，我甚至能够在对它们化繁为简之前，就嗅到了价值。于是我就给 Bob Sproull 写了一份备忘录来描述此思路，但此时公式形式尚不明朗，并且此想法也未命名。

　　随着理解的深入，我就能顺理成章地将其命名为"逻辑势"，它描述了某种逻辑功能电路的拓扑结构对应的内在成本。逻辑功能越复杂，逻辑势就越高，而且由简单电路构成的复杂电路的逻辑势，恰好是各简单电路逻辑势的乘积，这一点特别令我高兴。随着逻辑势名字的精准定义，整个想法也变得实用起来，接着又确定了电气势的名字。赋予问题一个确切的名字，紧接着重命名解决方案，整个问题和方案就更容易理解了。

第二个发展阶段发生在 20 世纪 80 年代末期，此时我已返回美国。Bob Sproull 和我一起撰写基于逻辑势的教案。Bob Sproull 的数学功底比我更深，找到了一种处理寄生延迟的方法，而我却忽略了。他梳理了我们的记号、润色了我的文字，修正了我的粗糙笔记，这样就能给我们行业赞助商讲授一门有条理的课程了。可以说，我们几乎有了一本关于逻辑势的书，只是缺少精力来完成它。1991 年，Bob Sproull 和我发表了一篇有关逻辑势的简短论文（Sutherland et al., 1991）。

几年以后，David Harris 在哈佛大学给高级电路设计者和研究生讲授设计和确定晶体管尺寸的课程时也面临了同样的问题。教授知识本身就是最好的学习方式，他不得不为他基于直觉和经验的晶体管裁剪方法提供合乎逻辑的解释，这个解释最终被证明是重新发现了逻辑势，表明了逻辑势是电路拓扑结构的基础。David Harris 逐步又发现了更多的电路性质，特别是新的电路系列的逻辑势，如多米诺电路。当 David Harris 和我见面时，我们发现他的很多结果已经包含在那本他尚未出版的教案中了。因为他和他的学生想要一本关于逻辑势的好的参考书，于是 David Harris 承担了把这些教案整理成书的任务。年轻人就是精力充沛、干劲十足！

Ivan Sutherland

前　言

　　逻辑势是一种分析 MOS 电路中延迟的方法，用于快速确定电路的最大可达速度及获得此速度的方式，从而提供了一种洞悉由晶体管尺寸和电路拓扑结构两者作用以影响电流延迟的原因。

　　我们为引起 MOS 电路延迟的原因提供了两个名词：电气势和逻辑势。名词间的相似性也反映出驱动电气负载所需的势和执行逻辑功能的势之间的显著对称性，两种形式的势表示等同的延迟原因，从而可以互相替换。需要借助公式化的方式明确这些概念，既可以简化电路分析过程，也能允许设计者快速地分析具有相同逻辑功能的各种电路设计。

　　电气势是表示电气收益所需克服问题的新名词。对于大的电气负载，大家早就知道最快的驱动是多层级放大器方式，但是其收益分布于指数级增长的层级尺寸中。思考放大器如何对电气势补偿，就对理解它对逻辑势补偿的类似机制铺平了道路。

　　逻辑势描述了各逻辑功能的电路拓扑结构本身所固有的计算成本。逻辑功能电路引起的成本不仅涉及其包含的诸多晶体管，还因为 MOS 晶体管串联后的电导性比同样尺寸的分立晶体管差很多，这两种因素共同作用导致逻辑功能模块在电气放大方面比反相器要弱很多。逻辑势量化了这种弱化程度，令我们可以推演出同种功能下哪种电路拓扑结构最佳。

对该方法持反对意见的人认为这种方法也没有比传统的 RC 分析方法进步多少，而且有经验的设计者不需要这些知识也明白如何去优化电路速度。事实上，即使是最好的设计者，不管是靠直觉还是靠经验，设计出来的电路都与逻辑势方法所推导出的非常接近。然而我们也看到了很多例子，有经验的设计者却设计出了糟糕的电路，甚至连最好的设计者也会陷入反复裁剪晶体管尺寸并仿真的困境中，以至于很难更改电路结构以大幅提升性能。因为逻辑势方法的简单性，它为电路结构设计和详细仿真之间的鸿沟架起了桥梁。

这本书的读者对象是设计 MOS 集成电路，并具有静态 CMOS 数字电路、基础电子学和一定程度数学能力的读者。本书中一些推导虽然用到了演算，但使用逻辑势方法时只需要代数知识。逻辑势技术能帮助我们快速地分析和优化大规模电路，设计者新手能在本书找到高速电路设计的简单技巧，而有经验的设计者将会发现思考老问题的新方法，所有读者都能获得设计高速电路的一般规律。

使用本书的方式

有多种方式来使用本书，我们坚信本书会令进行逻辑、电路和 CAD 设计的开发者、学生和研究人员产生兴趣。初级电路设计者将会学到新的技术以减少他们对乏味的电路仿真的依赖，经验丰富的设计者将发现新的方式去看待他们通过经验直观地发展起来的概念。逻辑势提供简单但强有力的模型来考虑延迟并且可以在不同的拓扑结构间进行比较，我们相信高速芯片设计方向的开发者采用这种方法后，一定会对 CMOS 门延迟有更透彻的理解。同样的，工具开发者需对用户面临的问题有透彻的理解，我们希望本书将为他们提供这些洞察力。

本书第 1 章是逻辑势的独立简介，章节的最后描述了本书随后将要呈现的更深层次主题。可以使用前 4 章作为 VLSI 设计课程的补充内容，既提供了逻辑势的实例，也给出了逻辑势方法背后的基本理论。有经验的电路设计者和高级电路课程班的学生将会对后面的章节感兴趣，这些章节将逻辑势推广到了电路设计的一般问题。第 12 章作为总结，简要地回顾了逻辑势方法，以及从该方法中获得的重要领悟。

关于习题

以我们的经验，不做习题来学习会很困难，所以在每章的末尾给自学的读者及正式上逻辑势课程的学生提供了一定数量的习题。

跟 Knuth 和 Hennessy 的方法类似，习题以数值标示难度系数，大致的说明如下，但可能因人而异。

[10]　1 分钟（阅读和理解）

[20]　15～20 分钟

[30]　2 小时或者更多（特别是电视机开着一心二用的时候）

[50]　研究性问题

在本书的后面给出了奇数号题目的答案。请明智地使用它们，除非经过努力，自己真的能解决这些问题，否则不要求助于答案。偶数号题目的答案可以由教师通过逻辑势的网页获取（见下节）。

关于网站

摩根考夫曼网站页面是 www.mkp.com/Logical_Effort，提供了若干逻辑势辅助工具。

网站包括以下内容：

（1）一个应用逻辑势进行乘法器设计的详细案例。

（2）偶数号题目答案，教师可以获取。

（3）第 5 章用于计算门的逻辑势的 Perl 脚本，这个脚本程序根据逻辑门的 SPICE 网表、工艺文件，以及每个门的输入列表来计算每个门的逻辑势和寄生延迟，测试的设置见第 5 章。

（4）设计宽体与非门、或非门、与门以及或门的 Java 工具。如在 11.1 节将介绍的，此工具接受输入数和路径的电气势来计算最小延迟，用户可以在网上通过基于表单方式使用，也可以下载到自己的计算机上使用。

如果读者发现了本书的错误，请通过 lebugs@mkp.com 联系出版社。最先报告某个技术错误的人将会获得 1 美元的奖金，费用将出自订正后的再版图书的销售收入，不过还请检查 www.mkp.com/Logical_Effort 上的勘误表去看看某个错误是否已经被报告并修正了。

致谢

很多朋友都为逻辑势方法的发展和本书的筹备提供了帮助。我们想感谢五家资助这项原始研究的公司：Austek Microsystems、Digital Equipment Corporation、Evans and Sutherland Computer Corporation、Floating Point Systems 和 Schlumberger。我们非常感谢 Apple Computer 在开始编辑逻辑势教案阶段所提供的支持。我们也感谢来自这些公司的工程师和设计者，早期在讲授这些材料期间，他们就像学生一样提出尖锐的问题，为我们更清晰地表达逻辑势方法做出了巨大贡献。我们也感谢卡内基梅隆大学（Carnegie Mellon University）、斯坦福大学（Stanford University）和伦敦帝国理工学院（Imperial College of London University）所提供的办公空间、计算支持和大学文化。

感谢 Sun Microsystems Laboratories，由于其鼓励和支持我们才把这本书写完。感谢我们的同仁 Ian W. Jones、Erik L. Brunvand、Bob Proebsting、Mark Horowitz、Peter Single 以各种方式对此项工作的贡献。最近以来，我们要感谢斯坦福大学的学生、HAL 计算机系统公司、加州大学伯克利分校（UC Berkeley）和英特尔公司对逻辑势方法所注入的新关注。也感谢那些参与审阅过程的人们：阿德莱德大学（University of Adelaide）的 Peter Ashenden、南加州大学（University of Southern California）的 Peter Beerel 和 Massoud Pedram、英特尔公司的 Dileep Bhandarkar、密歇根大学（University of Michigan）的 Lynn Conway、伊利诺伊大学厄巴纳-香槟分校（University of Illinois，Urbana-Champaign）的 Steve Kang 和 Farid Najm、斯坦福大学（Stanford University）的 Jaeha Kim 以及普林斯顿大学（Princeton University）的 Wayne Wolf。

我们跟我们的出版商 Morgan Kaufmann 出版社合作得非常愉快。我们要特别感谢我们的编辑 Denise Penrose、编辑协调员 Meghan Keeffe 和出版编辑 Edward Wade，特别是他们对提升本书质量上的奉献，以及理智的幽默感。

Jaeha Kim 对本书全文和习题答案的错误做了彻底的查找，这个工作令人钦佩。但依然可能存在的错误则是我们自己造成的。Sally Harris 则不知疲倦地准备插图。最后，要对我们的朋友兼同事 Bob Spence 和已故的 Charles Molnar 就思想、鼓励和精神上的支持表示特别感谢。

目　　录

第 1 章 逻辑势方法

电路系统开发过程中，为获取最高速度，或者满足延迟约束要求，可采纳的设计方法往往多种多样。如何取舍这些设计方法往往需要考虑若干基本问题，比如：实现逻辑功能的多个电路中，哪种最快？逻辑门的晶体管应该多大才能保证最小延迟（delay）要求？功能电路应该划分多少层级（stage）才能获得最低延迟？往往，向电路网络的路径中多添加几个层级反倒会降低延迟。

逻辑势方法是一种基于 CMOS 技术估算电路延迟的简单技术，使用这种方法可以对比多种电路结构的预期延迟，然后选择速度最快的电路。此外，该方法还可以得出一条路径上最合适的层级数及逻辑门的晶体管的最佳尺寸（size）。此方法非常简单易用，很适合评估早期设计阶段的各方案，也为复杂电路的优化提供了标准。

本章阐述逻辑势的基本方法及其简单实例，将在第 2 章探究更为复杂的例子。第 1 章和第 2 章向读者详尽地描述了一大类电路的逻辑势分析方法和相关的基础知识。将在本书的其余章节讲述逻辑势方法有效的原因，介绍详细的优化技术，并使用此方法来分析若干特殊的电路，如多米诺电路和选择器。

1.1 简   介

先来回顾下集成电路系统设计流程，再来详述逻辑势。众所周知，在设计流程中，电路的拓扑结构和逻辑门尺寸是关键。如果不采用某种系统化的设计方法对此进行考量，整个设计将会非常地烦琐和耗时。逻辑势正是应对这些问题的一种系统化解决方案。

图 1.1 显示了一个简化的芯片设计流程，包括逻辑设计、电路设计和物理设计三个阶段。芯片的规约（specification）是整个设计的起点，通常以文表的形式定义出芯片的功能和性能指标。通常，芯片在设计阶段会分成若干易于管理的模块，以便于将它们分配到多个工程师手中进行设计，并使用 CAD 工具一块一块地分析。在电路逻辑设计阶段，工程师用 Verilog 或 VHDL 等硬件描述语言编写各个模块的寄存器传输级（register transfer level，RTL）描述，进行仿真直到他们确信该模块符合规约；而后，因为 RTL 模块描述非常复杂，工程师需要估计模块的各项尺寸，并创建一个可以显示每块的相对位置的基础布图规划（floorplan）。该布图规划能够进行线长估计，并提供物理设计目标。

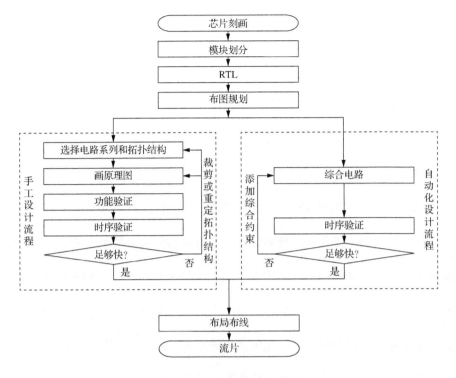

图 1.1   芯片设计的简化流程

确定了 RTL 描述和基础布图规划，电路设计就可以开始了。通常而言，电路设计风格可以分为两种：定制方式和自动方式。定制设计方式涉及大量的手工设计工作，设计出的电路性能更佳。在定制设计电路过程中，工程师的选择非常灵活，可以选择使用晶体管搭建元器件，也可以直接从预定义的元器件库中选取。所以在此设计过程中，工程师需要做出许多决定：应该采用静态 CMOS，还是传输门，还是多米诺电路和其他电路系列来实现 RTL 设计？哪种电路拓扑结构能更好地实现由 RTL 描述的功能？应该使用多级与非门、或非门还是更复杂的定制门电路？在选择好电路拓扑结构和绘制完原理图之后，工程师必须开始选择逻辑门中晶体管的尺寸，这种选择往往左右为难，比如，越大尺寸的门驱动负载就越快，但需要之前的层级提供更大的输入电容，也耗费更多的功耗和面积。当原理图

（schema）确定之后，就开始功能检测，来验证原理图是否正确实现了 RTL 规约。最后，再进行时序检测，来核实电路能否满足性能指标。如果性能不足，工程师还需要再次调整逻辑门尺寸来提高吞吐速度，如果提速有限，甚至得完全更改当前的电路拓扑结构，如牺牲面积来加大并行性，或者将静态 CMOS 门替换成更快的多米诺逻辑门。

在电路自动设计的过程中，工程师直接采用综合工具来选择电路拓扑结构以及门尺寸。相对于手工设计，自动综合可以更快地优化路径和绘制原理图，但这种综合需要限定具体的静态 CMOS 单元库，欠缺灵活性，而且生成电路的速度要比熟练工程师慢。虽然自动综合和制造的方法持续进步，自动综合出的电路越来越好，越来越被工程师接受，但在可预见的未来，高端设计中的定制电路必不可少。自动综合的算法保证了所生成的电路在功能上无误，但时序验证仍然不可缺少。如果性能不够好，设计者就得设置若干约束，重新运行综合工具改进拓扑结构。

电路设计完成之后，紧接着需要进行版图级（layout）的物理设计。同电路设计类似，版图设计也可以采用两种方法：定制方法和依赖于布局和布线软件的自动方法。版图设计的功能正确性可以通过设计规则检测器（design rule checkers，DRC）和版图原理图对照器（layout versus schematic，LVS）来验证。版图设计过程会确定器件的电容和电阻数值，版图级的时序检测会依据这些值来验证版图设计是否能够符合时序目标，如果时序检测无法通过，该电路必须再次修改，直到验证无误为止。最后，芯片流片（tapeout）送往封装厂生产制造。

芯片设计流程的最大挑战之一是确保设计符合时序规约，被称为**时序收敛**。如果需求规约对芯片速度要求不高，电路设计就要容易得多了，这种情况下的时序收敛完全可以采用软件解决。

无论电路设计者的经验是否丰富，在定制电路的设计过程中，他们也得花费大量的精力来保证时序规约的满足性。若没有一个系统的方法，大多数人将不得不陷入"模拟（simulate）和调整"的困境中：修改电路结构，输入模拟器，观察结果，做更多修改，而后重复这些过程。通常而言，电路模块往往需要半个小时以上的模拟时间，所以上述过程是非常耗时的。而且设计人员在修改电路时，通常倾向于采用增加逻辑门面积来增快其导通速度，但如果较大的逻辑门对前一层级施加了更大的负载，可能会适得其反，影响前面层级增加的延迟将超过它自己减少的延迟！此外，设计者在对比修改前后的电路拓扑时，无法简单地估计延迟，而必须绘制电路图、确定面积，而后模拟每个电路，这个过程需要花费大量的时间和精力。所以说，一种高效的和系统的时序收敛分析方法是非常必要的，多年来已经基于启发式，甚至经验模型开发了一些工具集，来帮助设计者选择电路的拓扑结构和面积。

使用综合工具时，设计者遭遇着和手工设计的时序收敛问题类似的困境。当电路规模接近工具能力上限的时候，这种困境更加明显，上述手工设计时"模拟和调整"型综合对应了使用工具时的"添加约束和再综合"：为解决违反某个时序而添加的约束，往往导致另一条路径上的违规行为。设计者必须仔细分析综合器的输出结果，并理解导致路径缓慢的本质原因，否则无论如何添加约束并重新综合，电路设计也可能不会收敛到可接受的结果。

本书是为高速芯片的设计者而写的，作者基于多年设计经验，提出了一种系统进行电路拓扑和逻辑门面积选择的方法，并提供了一种可量化描述此问题的简洁语言。为了更好地阐述此类问题，首先定义了一个快速且易用的简单延迟模型，如果该模型预测到电路 a 比电路 b 显著地快，那么真实电路中，a 一定会更快些。这种模型只需预测相对延迟，并用来对电路时序进行验证。这种模型不考虑绝对延迟，因为绝对延迟的计算通常是模拟器或时序分析器的工作。本章首先介绍这种简单的延迟模型，并引入一些术语来描述逻辑门拓扑结构的复杂度，以及负载电容和寄生电容对延迟的影响。从该模型出发，引入一个数值化的"路径势"概念，设计者无须调整晶体管尺寸并模拟就可以通过路径势来比较两个多级拓扑结构的电路。同时，也阐述了通过选择每个逻辑门尺寸来获取最佳逻辑门层级，而得到最小化延迟的过程。给出的许多实例都阐明了这些关键思想，也有反例说明了使用更少层级和更大逻辑门的电路，无法令电路更快。

1.2　逻辑门的延迟

逻辑势方法构建的基础是 MOS 管栅极[①]的简化延迟模型，该模型描述了由逻辑门驱动的电容负载及逻辑门拓扑结构两者引起的延迟。显然，随着负载的增加，延迟也相应增加，但延迟也取决于门电路的逻辑功能。反相器这种最简单的逻辑门电路，其驱动负载能力强，常被用作放大器驱动大电容。其他功能的逻辑门电路需要更多的晶体管，这些门中的部分内部晶体管串联，使得其电流驱动能力要

[①] 在数字电路设计领域，"门（gate）"这个术语比较模糊，既有可能表示实现了逻辑功能的电路，如与非门，又有可能描述 MOS 晶体管的栅极。如果上下文不能区分这种歧义，将采用"逻辑门"和"晶体管栅极"来区分这两种电路。（中文版本中会区分，不会引起歧义——译者）

比反相器差。比如说，驱动同样的负载时，与非门比同样面积晶体管组成的反相器有更大的延迟。逻辑势方法通过量化这些因素，来简化单个逻辑门和多层级电路的延迟分析。

建立延迟模型的首要步骤，就是建立一种与集成电路生产工艺无关的延迟量化标准，依据具体工艺下单位延迟 τ 来表示延迟[①]。τ 定义为无寄生效应的理想反相器延迟，因此绝对延迟就定义为无单位的逻辑门延迟量 d 和表征特定工艺的单位延迟 τ 的乘积：

$$d_{abs} = d\tau \tag{1.1}$$

除非另有说明，将以 τ 作为单位来度量所有的时间。在 0.6μm 工艺下，τ 大约为 50ps，所有典型工艺下的参数列于附录 B 中。

逻辑门引起的延迟由两部分组成，固定部分称为**寄生延迟**（parastic delay）p，门级输出负载成正比的部分称为**势延迟**（effort delay）或**层级势**（stage effort）f（附录 A 列出了所有本书中使用的符号）。以 τ 为单位的总延迟是势延迟和寄生延迟的和：

$$d = f + p \tag{1.2}$$

势延迟既取决于负载，也受驱动此负载的逻辑门特征影响。为这些效应引入两个相关的术语：逻辑势 g 反映逻辑门的特征，而**电气势**（electrical effort）h 反映负载的特征。逻辑门的势延迟是这两个系数的乘积：

$$f = gh \tag{1.3}$$

逻辑势 g 本质上对应了逻辑门拓扑结构对其输出电流的影响，与电路中晶体管的

面积无关。电气势 h 描述了逻辑门的电气环境如何影响性能，以及实现逻辑门的晶体管尺寸如何决定其负载驱动（load-driving）能力。电气势定义如下：

$$h = \frac{C_{\text{out}}}{C_{\text{in}}} \tag{1.4}$$

式中，C_{out} 是负载逻辑门输出的电容；C_{in} 是此逻辑门输入端的电容。许多 CMOS 设计者也把电气势称为**扇出**。需要注意的是，在这里扇出依赖于负载电容而不只是所驱动的门电路数目。

结合方程（1.2）和方程（1.3），得到以 τ 为单位，计算贯通单个逻辑门的基本延迟方程：

$$d = gh + p \tag{1.5}$$

该方程表明，逻辑势 g 和电气势 h 在引起电路延迟方面的作用相同，这一公式也区分了 τ、g、h 和 p 四种因素对延迟的影响。工艺参数 τ 表达了晶体管的基本速度。寄生延迟 p 代表逻辑门由其内部电容引起的固有延迟，该延迟基本与构成逻辑门的晶体管的尺寸无关。电气势 h 既由外部负载导致的 C_{out} 制约，又受逻辑门中晶体管尺寸导致的 C_{in} 影响。逻辑势 g 表示了电路拓扑结构对延迟的影响，这种影响与负载或晶体管尺寸无关。正是由于逻辑势只取决于电路的拓扑结构，所以其应用广泛。

表 1.1 列出了几种在 $\gamma = 2$ 时静态 CMOS 门电路的输入逻辑势的值。将反相器具有的逻辑势值定为 1，其他逻辑势据此计算。反相器需要 1 个单位的逻辑势来驱动自身工作，那么根据方程（1.3），反相器在工作时的势延迟为 1。

表 1.1　$\gamma = 2$ 时静态 CMOS 门电路的输入逻辑势

逻辑门类型	输入数量					
	1	2	3	4	5	n
反相器	1					
与非门		4/3	5/3	6/3	7/3	$(n+2)/3$
或非门		5/3	7/3	9/3	11/3	$(2n+1)/3$
选择器		2	2	2	2	2
异或门（对等型）		4	12	32		

注：γ 为反相器的上拉晶体管宽度和下拉晶体管宽度的比值。第 4 章将介绍计算表中所列逻辑门和其他种类逻辑门电路的逻辑势计算方法。

假定逻辑门的每个输入电容都与参考反相器的输入相同，那么逻辑势定义出此逻辑门输出电流弱于反相器输出电流的程度。减弱输出电流意味着运算速度减慢，所以逻辑势值给出了该逻辑门相对于反相器驱动负载速度的缓慢程度。此外，逻辑势也表明了逻辑门还需要多大的输入电容才能输出与反相器一样的输出电流。图 1.2 给出了三个简单的逻辑门，裁剪了它们的晶体管宽度，使之具有大致相同的输出电流。反相器有 3 个单位的输入电容而与非门有 4 个，因此与非门的逻辑势为 $g = 4/3$；而或非门的逻辑势为 $g = 5/3$。第 4 章将估算其他门电路的逻辑势值，第 5 章将介绍从电路仿真过程中提取逻辑势值的办法。

观察表 1.1 可以归纳出，越复杂的逻辑功能模块就有越大的逻辑势值，而且大多数的逻辑门电路的逻辑势值会随着输入个数增多而增大。由此可知，逻辑门规模越大或者复杂度越高，它会表现出越大的延迟。后续章节将讲解，减少逻辑层级会增加逻辑门的输入个数，导致更大的逻辑势；逻辑门输入个数少时，虽然能减少每级的逻辑势，但会导致更多的逻辑层级，所以仔细比较并选择逻辑电路结构是非常有必要的。在 1.4 节中，将讲解逻辑势方法量化表达这种折中的方式。

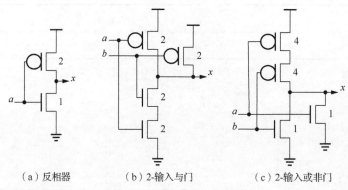

（a）反相器   （b）2-输入与门   （c）2-输入或非门

图 1.2   三个简单的逻辑门

晶体管旁边的数字表示相对的晶体管宽度

电气势 h 是两个电容的比：由逻辑门驱动的负载被定义为连接到其输出的所有电容之和，这种负载将使电路慢下来；电路的输入电容由构成它的晶体管的尺寸来度量。在逻辑门中，较大面积的晶体管能够较快地驱动负载，所以输入电容项出现在方程（1.4）的分母中。通常电路某层级的大部分电路负载是它所驱动的下一层级（可能有多个）输入的电容。当然，这种负载还包括导线的寄生电容（stray capacitance）、晶体管的漏极区（drain regions）等。将在后面讲解在计算中考虑寄生负载电容的方法。

电气势通常表示为晶体管宽度的比，而不用实际的电容值。众所周知，一个晶体管栅极的电容与其面积成正比；假设所有晶体管的最小长度相同，则晶体管栅极电容正比于其宽度。因为电路中大多数逻辑门都在驱动其他逻辑门，所以可以用晶体管宽度表示 C_{in} 和 C_{out}。若负载电容包含因导线负载或外部负载而引起的寄生电容，那就将这种电容转换成等价的晶体管宽度。读者可以把单位电容定义为单位宽度和最小长度下，晶体管栅极的电容值。

因为越宽的晶体管提供越大的输出电流并导致扩散电容（diffusion capacitance）增大，所以逻辑门的寄生延迟是固定的，并且与逻辑门面积和其所驱动的负载电容无关。这种延迟是逻辑门电路与生俱来的开销。影响寄生延迟的主要因素是驱动逻辑门输出的晶体管的源极区或漏极区的电容。表 1.2 给出了几类逻辑门的寄生延迟的估算值。需要注意的是，表中寄生延迟被定义为参考反相器寄生延迟（记为 p_{inv}）的倍数。一个典型 p_{inv} 的值是 1.0 单位延迟，本书的大部分例子都使用此值。p_{inv} 是工艺相关的扩散电容的强函数（strong function），将其值假设为 1.0 具有较强的表达能力，也便于手工分析。上述估算方法没有考虑串联晶体管间的寄生电容，将在第 3 章和第 5 章详细讨论。

表 1.2　不同类型逻辑门在简单版图中的寄生延迟估算值

逻辑门类型	寄生延迟
反相器	p_{inv}
n-输入与非门	np_{inv}
n-输入或非门	np_{inv}
n-路选择器	$2np_{inv}$
异或门、同或门	$4p_{inv}$

如方程（1.5）所示，逻辑门延迟模型是一种简单的线性关系，如图 1.3 所示，延迟呈现出一个关于反相器和 2-输入与非门的电气势的线性函数关系，线的斜率是门电路的逻辑势，截距是寄生延迟。该图表明，通过调整电气势或者选取不同逻辑势的逻辑门可以调整电路的总延迟。然而，一旦选定逻辑门类型，寄生延迟就固定了，无法针对寄生延迟优化。

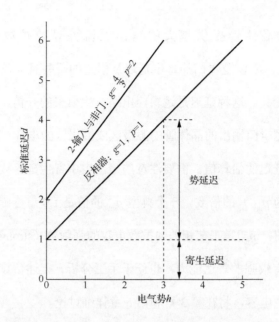

图 1.3   反相器和 2-输入与非门的延迟方程

例 1.1   估算如图 1.4 所示的振荡器环中，驱动下一个同样类型反相器的当前反相器延迟。

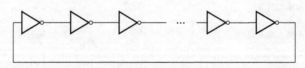

图 1.4 N 个相同反相器构成的振荡器

解   因为反相器的输出连接到与之类型相同的反相器的输入，所以负载的电容 C_{out} 与输入电容相同，因此电气势为 $h = \dfrac{C_{out}}{C_{in}} = 1$。已知反相器的逻辑势为 1，根据方程（1.5）计算得到 $d = gh + p = 1 \times 1 + p_{inv} = 2.0$，此结果表明了基于单位延迟的逻辑门延迟，根据 τ 量化得到绝对延迟为 $d_{abs} = 2.0\tau$。在 0.6μm 的工艺制程中 $\tau = 50\text{ps}$，$d_{abs} = 100\text{ps}$。

图 1.4 所示的环形振荡器可以用来度量 τ 的值。环中层级数 N 的值是奇数，

该电路才能不稳定，振荡起来，环形振荡器每层级的延迟为

$$\frac{1}{2NF} = d\tau = \left(1 + p_{\text{inv}}\right)\tau \qquad (1.6)$$

式中，N 是反相器的数量；F 是振荡频率；2 表明整个环的每两次变化才完成一个单振荡周期。如果 p_{inv} 的值是已知的，该方程可用于根据环形振荡器频率来确定 τ 的值。第 5 章将介绍一种计算 τ 和 p_{inv} 的方法。

　　例 1.2　估算 4 扇出（FO4）反相器的延迟，如图 1.5 所示。

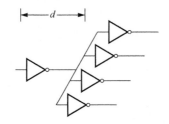

图 1.5　可驱动 4 个相同反相器的反相器

　　解　每个反相器都是相同类型的，所以 $C_{\text{out}} = 4C_{\text{in}}$，因此 $h = 4$。一个反相器的逻辑势为 $g = 1$，那么根据方程（1.5），FO4 的延迟 $d = gh + p = 1 \times 4 + p_{\text{inv}} = 4 + 1 = 5.0$。大多数设计者知道特定工艺的 FO4 延迟，并且常用它估算此工艺制程下电路的绝对性能，所以用 FO4 延迟的倍数来估算延迟很有用。

　　例 1.3　一个 4-输入或非门驱动 10 个相同的门，如图 1.6 所示，提供驱动的或非门的延迟是多少？

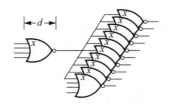

图 1.6　驱动 10 个相同门的 4-输入或非门

解 如果每个或非门的一个输入电容是 x，则驱动或非门的电容 $C_{\text{in}} = x$，
$C_{\text{out}} = 10x$，因此电气势 $h = 10$。从表 1.1 中获得 4-输入或非门的逻辑势是 $9/3 = 3$，
所以其延迟为 $d = gh + p = 3 \times 10 + 4 \times 1$，即 34 个单位延迟。需要注意的是，当负
载较大时，如在本例中，相比于势延迟而言寄生延迟是微不足道的。

1.3 多层级的电路

逻辑势方法揭示了多层级电路的最佳层级数，以及如何通过平衡各层级之间
的延迟获得最小总延迟。逻辑势和电气势的概念很容易从单个门扩展到多层级
路径。

一条路径上的逻辑势定义为该路径上所有逻辑门的逻辑势的积。用 G 代表路
径逻辑势（path logic effort），g 是一条路径中单个门的逻辑势，下标 i 表示路径上
的逻辑层级编号：

$$G = \prod g_i \tag{1.7}$$

电路中一条路径的电气势可以通过电容比简单地算出来，即路径中最后一
个逻辑门的负载电容与第一个门的输入电容的比。用 H 表示沿着一条路径的电
气势：

$$H = \frac{C_{\text{out}}}{C_{\text{in}}} \tag{1.8}$$

在这种情况下，C_{in} 和 C_{out} 指的是作为一个整体的路径的输入和输出电容，可
以根据上下文得出。

为了对网络内的扇出做出解释，需要引入一种新的势，称为分支势（branching
effort）。到目前为止，我们将扇出视为电气势的一种形式，即驱动多个负载的特

定逻辑门的负载电容的和，如例 1.3。当扇出是电路的主输出时，把该扇出作为电气势是非常简单的，但当扇出在一个电路内部时，这个方法就不合适了，原因是网络的电气势只取决于它的输出和输入电容的比值。

当扇出出现在一个电路内部时，一些驱动电流沿着所分析的路径前进，而另一些则消失在该路径上。逻辑门输出的分支势 b 定义为

$$b = \frac{C_{\text{on-path}} + C_{\text{off-path}}}{C_{\text{on-path}}} = \frac{C_{\text{total}}}{C_{\text{useful}}} \tag{1.9}$$

式中，$C_{\text{on-path}}$ 是沿着所分析的路径的负载电容；$C_{\text{off-path}}$ 是这条路径上消失在连接点的电容。需要注意的是，如果这条路径没有分支，分支势就是 1。沿着整条路径的分支势 B 定义为沿着这条路径上每一层级逻辑门分支势的乘积：

$$B = \prod b_i \tag{1.10}$$

已经在一条路径上定义了逻辑势、电气势和分支势，现在可以接着定义路径势（path effort）F 了。使用 F 来表述路径势，层级势为 f，它与单个层级的逻辑电路相关。路径势的方程式类似于方程（1.3），其定义了单个逻辑门的势：

$$F = GBH \tag{1.11}$$

需要注意的是，路径分支势和电气势都与每层级的电气势相关：

$$BH = \frac{C_{\text{out}}}{C_{\text{in}}} \prod b_i = \prod h_i \tag{1.12}$$

设计者从路径规约描述中可以得到 C_{in}、C_{out} 和分支势 b_i 的值。调整该路径需要对各层级中的逻辑电路选择合适的电气势 h_i，以从整体上匹配乘积 BH。

尽管路径势不是沿着路径的直接度量，但它仍是最小化延迟的关键。路径势只取决于电路的拓扑结构和负载，而与嵌入在电路内的逻辑门所使用的晶体管的面积无关。此外，由于反相器的逻辑势为 1，即使反相器加入或移出该路径势的

值也不会改变。路径势与该路径可处理的最小延迟相关，这种延迟的计算较为容易，所以根据最佳层级数与合适的晶体管尺寸来实现最小延迟的工作并不复杂。

路径延迟 D 为该路径中所有层级延迟的总和，单个层级的延迟表达式为方程（1.5）。还需要定义路径势延迟（path effort delay）D_F 和路径寄生延迟（path parasitic delay）P。路径延迟定义为

$$D = \sum d_i = D_F + P \tag{1.13}$$

路径势延迟的计算很简单：

$$D_F = \sum g_i h_i \tag{1.14}$$

路径寄生延迟是

$$P = \sum p_i \tag{1.15}$$

优化具有 N 层级电路要遵循将在第 3 章中证明的一条非常简单的原理：**当路径上的每一层级具有相同层级势时该路径延迟最小**。当层级势为式（1.16）时，可以获得最小的延迟：

$$\hat{f} = g_i h_i = F^{1/N} \tag{1.16}$$

给符号加上标来表示此表达式可以达到最小延迟。

组合这些方程，得到了基于逻辑势原理来计算某条路径上最小延迟的表达式：

$$\hat{D} = NF^{1/N} + P \tag{1.17}$$

通过对逻辑、分支和电气势的简单计算，可以得出逻辑电路网络最小延迟的估计值。当 $N=1$ 时，这个方程可简化成方程（1.5）。

为了均衡路径上各层级产生的势，以使此路径具有最小延迟，必须为路径上的各层级电路选择合适尺寸的晶体管。方程（1.16）表明各逻辑层级应按如下电气势来设计：

$$\hat{h}_i = \frac{F^{1/N}}{g_i} \qquad\qquad (1.18)$$

从这个关系中，能够确定某条路径上晶体管的尺寸。从路径末端开始向前分析，电容的变换规则如下：

$$C_{in_i} = \frac{g_i C_{out_i}}{\hat{f}} \qquad\qquad (1.19)$$

上式决定了每个门的输入电容，然后可以恰当地将其分配在与输入相连的晶体管上。这一工作机制将在下面的例子中予以清晰的说明。

例 1.4　思考如图 1.7 所示的从 A 到 B 的路径，此路径包含三个 2-输入与非门。第一个门的输入电容是 C，负载电容也是 C。这条路径的最小延迟是多少？为了实现最小延迟，晶体管应该设置成多大？（下个例题将采用不同的电气势来分析此电路。）

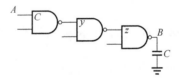

图 1.7　由三个 2-输入与非门组成的电路

解　为了计算路径势，必须计算路径上的逻辑势、分支势和电气势。路径的逻辑势是 3 个与非门的逻辑势乘积，$G = g_0 g_1 g_2 = (4/3) \times (4/3) \times (4/3) = (4/3)^3 = 2.37$。因为所有沿着路径的扇出都为 1，所以分支势 $B = 1$，也就是说没有分支。电气势 $H = C/C = 1$。因此，路径势 $F = GBH = 2.37$。利用方程（1.17），得到了路径上可实现的最小延迟：$\hat{D} = 3(2.37)^{1/3} + 3(2p_{inv}) = 10.0$ 单位延迟。

如果各个层级中的晶体管都能选择合适的尺寸，这个最小延迟就能实现。首先计算层级势 $\hat{f} = 2.37^{1/3} = 4/3$。从输出负载 C 开始，使用方程（1.19）的电容变换式，

计算输入电容 $z = C \times (4/3)/(4/3) = C$。类似地，$y = z \times (4/3)/(4/3) = z = C$。换言之，3 个逻辑门的晶体管尺寸将相同。这个结果并不意外：所有层级具有相同的负载和相同的逻辑势就会有相同的势，这是最小路径延迟的条件。

假设 PMOS 晶体管的迁移率是 NMOS 晶体管的一半，则与非门的原理图如图 1.8 所示。晶体管尺寸的选择方法将在第 4 章讨论。因为每个输入以 $C/2$ 的电容驱动一个 PMOS 和一个 NMOS，所以正如期望的，每个输入电容为 C。

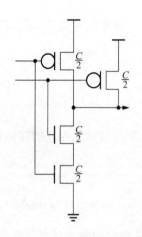

图 1.8　例 1.4 中的与非门原理图

例 1.5　再来研究前一个例子中的电路，求当输出电容为 $8C$ 时从 A 到 B 路径的最小延迟。

解　使用例 1.4 的结果，$G = (4/3)^3$，根据新的电气势 $H = 8C/C = 8$，算出 $F = GBH = (4/3)^3 \times 8 = 18.96$，因此最小路径延迟为 $\hat{D} = 3(18.96)^{1/3} + 3(2p_{\text{inv}}) = 14.0$ 单位延迟。可以观察到，尽管这里的电气势是上例中的 8 倍，但是延迟只增长了 40%。

现在来计算实现最小延迟的晶体管尺寸。层级势 $\hat{f} = 18.96^{1/3} = 8/3$。从负载电容 $8C$ 开始，使用方程（1.19）的电容变换公式，计算输入电容 $z = 8C \times (4/3)(8/3) = 4C$。类似地，$y = z \times (4/3)/(8/3) = z/2 = 2C$。为了验证该计算结果，计算出第一层级的电容 $y \times (4/3)/(8/3) = y/2 = C$，符合设计规约。因为每个连续的逻辑门拥有其上一层级 2 倍的输入电容，所以需要将每个门中的晶体管的宽度调整为前一层级中对应晶体管宽度的 2 倍。在连续层级中宽的晶体管能够更好地驱动电流并承载更大的负载。

例 **1.6**　当路径上的电气势为 4.5 时,优化

图 1.9 中的电路来获得 A 到 B 路径上的最小

延迟。

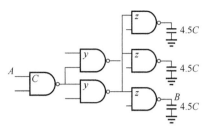

图 1.9　带内部扇出的多层级电路

解　路径逻辑势 $G = (4/3)^3$。第一层级输出

端的分支势为 $(y+y)/y = 2$,第二层级输出端的

分支势为 $(z+z+z)/z = 3$。因此,路径分支势 $B = 2 \times 3 = 6$。此路径上电气势被指定

为 $H = 4.5$,因此 $F = GBH = 64$,最小延迟为 $\hat{D} = 3(64)^{1/3} + 3(2p_{inv}) = 18.0$ 单位延迟。

为了实现这个最小延迟,必须在每层级上均衡势的值。路径势是 64,层级势

应该为 $(64)^{1/3} = 4$。从输出开始, $z = 4.5C \times (4/3)/4 = 1.5C$。第二层级驱动第三

层级中三个相同模块,因此 $y = 3z \times (4/3)/4 = z = 1.5C$。通过计算第一层级的面

积来检验该结果 $2y \times (4/3)/4 = (2/3)y = C$,符合设计规约。

例 **1.7**　调整图 1.10 的电路以得到最小延迟。假设负载为 20μm 尺寸的门电

容,反相器为 10μm 尺寸的门电容。

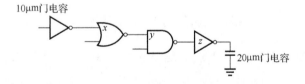

图 1.10　多种门电路构成的多层级逻辑网络

解　假设晶体管的长度都限定为最小值,则门电容正比于门宽。因此,正如

此问题所描述,用以 μm 为单位的门宽表示电容非常合理。

路径逻辑势 $G = 1 \times (5/3) \times (4/3) \times 1 = 20/9$,电气势 $H = 20/10 = 2$,分支势

为 1。因此, $F = GBH = 40/9$, $\hat{f} = (40/9)^{1/4} = 1.45$。

从输出开始回溯计算面积：$z = 20 \times 1 / 1.45 = 14$ ，$y = 14 \times (4 / 3) / 1.45 = 13$ ，$x = 13 \times (5 / 3) / 1.45 = 15$ 。这些输入的门宽被分割在每个门的多个晶体管中。需要注意的是，与更复杂的门相比，反相器具有更大的电气势，因为它能更好地驱动负载。虽然这些计算结果并不是十分精确，但是将在 3.6 节看到，以因子 1.5 调大或调小逻辑门的面积后，仍然只会对最小延迟造成 5% 以内的影响。因此，这种快速简易的手工计算就能求出精确到一或两位有效数字的面积值。

寄生延迟并不参与求最小延迟的计算。寄生延迟的值是固定的，不依赖于逻辑门的尺寸，对逻辑门的尺寸调整也不会改变寄生延迟。事实上，只有计算信号在电路上传播的精确时间，以及比较不同类型逻辑门或不同的层级数的两个电路时，才需要考虑这些电路呈现的寄生延迟，否则就可以完全忽略。

例 1.8   考虑可以驱动 25 倍电路输入电容负载的三种可选电路。第一种使用一个反相器，第二种使用连续的三个反相器，第三种使用依次串行的五个反相器。三种设计都能得到相同的逻辑函数。哪种最好？哪个有最小延迟？

解   在三种案例中，路径逻辑势为 1，分支势为 1，电气势为 25。方程（1.17）给出路径延迟 $D = N(25)^{1/N} + Np_{\mathrm{inv}}$ ，这里 $N = 1$、3 或 5。当 $N = 1$，有 $\hat{D} = 26$ 单位延迟；当 $N = 3$，有 $\hat{D} = 11.8$ 单位延迟；当 $N = 1$，有 $\hat{D} = 14.5$ 单位延迟。最佳选择是 $N = 3$ 。在该设计中，每级仍可产生 $(25)^{1/3} = 2.9$ 的势，因此每个反相器都比其前级大 2.9 倍。这个结果在许多教科书中都可以找到。

该例题说明了电路能达到的最大速度取决于其层级数。由于路径延迟针对不同的 N 值变化显著，所以需要一个方法来选择 N 值产生最小延迟。这是下一节将要讨论的话题。

1.4 最佳层级数

根据逻辑势的这些延迟方程，如方程（1.17），可以求出保证最小延迟的层级数 $\hat{N}$。方程求解方法将在第 3 章讲述，表 1.3 给出了各路径势对应的最佳层级数。例如，该表显示了只有路径势 F 为 5.83 或更小时，单层级才是最快的。当路径势值在 5.83～22.3 时，二层级的设计是最好的。如果介于 22.3～82.2 时，三层级设计是最好的。根据该表，由路径势 $F = 25$ 确定了例 1.8 电路的合理层级数为 3，其中，由于势变得非常大，层级势接近了 3.59。

表 1.3 假设 $p_{\text{inv}} = 1.0$，各种路径势对应的最佳层级数

路径势 F	最佳层级数 $\hat{N}$	最小延迟 $\hat{D}$	层级势 f 范围
0		1.0	
	1		0～5.8
5.83		6.8	
	2		2.4～4.7
22.3		11.4	
	3		2.8～4.4
82.2		16.0	
	4		3.0～4.2
300		20.7	
	5		3.1～4.1
1090		25.3	
	6		3.2～4.0
3920		29.8	
	7		3.3～3.9
14200		34.4	
	8		3.3～3.9
51000		39.0	
	9		3.3～3.9
184000		43.6	
	10		3.4～3.8
661000		48.2	
	11		3.4～3.8
2380000		52.8	
	12		3.4～3.8
8560000		57.4	

注：比如，当路径势在 3920～14200 时，应该采用七层级设计，此时层级势的范围为 3.3～3.9 单位延迟。

　　如果依据表 1.3 选择保持最小延迟的层级数，必须向网络中再增加几级。通过添加成对的反相器来为电路增加偶数层级数很容易，但需要奇数层级数就不能简单地增加奇数个反相器，否则会改变网络的逻辑功能，所以在一些情况下，要不采用慢一些的设计，要不就只得改变电路来匹配反转信号。如果一个路径上使用的层级数不是最佳的，总延迟通常不会增加太多。但是当此设计的层级数是最优层级的一半或是两倍时，延迟损失最大。

　　仅当通过加入或移除反相器来增加或减少路径的层级数时，表 1.3 才是精确的。因为该表假设了增加或减少的层级数跟一个反相器具有等效的寄生延迟。第 3 章将解释构建类似表的方法。当比较多种逻辑门类型或逻辑层级的电路网络时，评估延迟可以决定哪个设计才是最佳的。

　　例 1.9　在一个 0.6μm 工艺的设计中，多个串联反相器驱动一个通过引脚连到芯片外的信号。引脚的电容和负载是 40pF，它等效于 20000μm 的门电容。假设输入负载是具有 7.2μm 输入电容的反相器，如何设计串联的反相器？

　　解　如例 1.8，逻辑势和分支势都是 1，但是电气势是 $20000 / 7.2 = 2777$。表 1.3 说明了一个六层级的设计。层级势 $\hat{f} = (2777)^{1/6} = 3.75$。该串中每个反相器的输入电容将是前一级的 3.75 倍。路径延迟 $\hat{D} = 6 \times 3.75 + 6 \times p_{\text{inv}} = 28.5$ 单位延迟。假设 $\tau = 50\text{ps}$，则这相当于 $28.5\tau = 1.43\text{ns}$ 的绝对延迟。

　　这个例子中给出了连续层级的最佳面积比为 3.75，但许多教科书中提出的比为 $e = 2.718$。这是因为较小值的计算是没有考虑寄生延迟的，随着寄生延迟增加，面积比将超过 e，最佳的层级数会减少。第 3 章将探讨这些问题并进一步提出最佳的层级势公式。

　　一般来说，最佳层级势 $\hat{f}$ 在 3～4 层。将设计阶段的层级势定为 4 是很合理的，此时典型的寄生效应引起的最小延迟增加量在总延迟 1%以内。因此,层级数 $\hat{N}$ 大约为 $\log_4 F$。通过计算可知,2～8 的层级势会给最小延迟增加 35%,2.4～6 的层级势将增加 15%。因此,选择合适的层级势不是很关键。

第 3 章将介绍一种估算路径延迟的简单方法,这种方法将势为 4 的层级延迟近似为 FO4 反相器的势。在例 1.2 中得到 FO4 反相器有 5 个单位延迟。因此,路径势 F 的电路延迟大约为 $5\log_4 F$,或者 $\log_4 F$ 个 FO4 单位延迟。从某种意义上讲,这个值还是比较理想的,因为它忽略了复杂门的大的寄生延迟。

1.5　本章方法小结

逻辑势是一种可以得到电路路径上最小延迟的设计方法,它将驱动大的电气负载和执行逻辑功能所需的势组合起来统一计算,逻辑势的主要表达式如表 1.4 所示。

表 1.4　逻辑势方法的术语、方程与概念的汇总表

术语	层级表达式	路径表达式
逻辑势	g（表 1.1）	$G = \prod g_i$
电气势	$h=C_{out}/C_{in}$	$H=C_{\text{out-path}}/C_{\text{in-path}}$
分支势		$B = \prod b_i$
势	$f = gh$	$F = GBH = \prod f_i$
势延迟	f	$D_F=\sum f_i$ 最小,当 $f_i=F^{1/\hat{N}}$
层级数	1	N（表 1.3）
寄生延迟	p（表 1.2）	$P = \sum p_i$
延迟	$d = f + p$	$D = D_F + P$

逻辑势的计算流程为：

（1）计算所分析的电路网络的路径势 $F = GBH$。路径逻辑势 G 是路径上逻辑门的逻辑势乘积，使用表 1.1 就能得到每个逻辑门的逻辑势。分支势 B 是路径上每层级的分支势乘积。电气势 H 是驱动电路网络中最后层级的电容与第一层级输入电容的比。

（2）使用表 1.3 或估算 $\hat{N} \approx \log_4 F$，计算得到最小延迟最少需要多少层级 $\hat{N}$。

（3）用表 1.2 中寄生延迟的值估算最小延迟 $\hat{D} = \hat{N} F^{1/\hat{N}} + \sum p_i$。如果只是比较不同拓扑结构的设计方法，也许可以到此为止。

（4）如果必要，添加或移除电路中的层级，直到层级数 N 近似于 $\hat{N}$。

（5）计算每一层级具有的势 $\hat{f} = F^{1/N}$。

（6）从路径中最后一层级开始，回溯计算每层级中电路所需的逻辑门晶体管尺寸，公式为 $C_{\text{in}} = \left(g_i / \hat{f} \right) C_{\text{out}}$。不考虑分支时，某一级的输入 C_{in} 就是上一级的输出 C_{out}，但可能还需要考虑分支势来修改此值。

在不考虑面积、功耗和其他限制因素的情况下，这个设计步骤可以得到沿着特定路径的最小延迟电路，但这些因素也可能跟延迟同等重要，实际设计时采取折中策略是必要的。例如，如果采用此流程来设计高电容总线的驱动器，则此驱动器就有可能太大而不能实现。可以通过使用比设计流程增大层级延迟来折中，或者直接使最后层级的延迟大于其他层级的延迟；这些方法都能够扩大延迟，最终减少驱动器的面积。

因为逻辑势忽略了许多二阶效应，例如逻辑门内的晶体管之间的寄生电容，所以逻辑势方法只能获得近似的优化。用该步骤设计的电路有时可以通过电路模拟器精确地模拟，并根据模拟结果再次调整晶体管尺寸来改进电路性能。根据经验，只使用逻辑势方法可以得到最少 10%以内的性能改善。

逻辑势方法的另一个局限性在于复杂分支或内部连接的电路不存在简单形式（closed-form）的最佳设计。第 9 章和第 10 章将探讨这些问题，当门或线的负载占支配地位的情况下，这种方法提供了有用的近似分析方法，但在某些情况下，传统的迭代方法仍然是必要的。

逻辑势方法的强项之一就是它把电容负载对性能的影响、待计算的逻辑函数的复杂度以及网络层级考量，统一到一个框架中。例如，如果读者为了减少层级数使用高扇入逻辑门修改电路设计，逻辑势就会增加，因此改进会变得有限。尽管许多设计者意识到，比如在三态驱动器的常见设计中，较大的电容负载必须由串联驱动器来驱动，但是会引起驱动器面积的几何性增长，此时再考虑电路逻辑，结果更加无法确定。

1.6　内　容　前　瞻

本章给出的信息足够应对所有的电路设计。第 2 章将会把该方法应用于各种具有实际意义的电路中。第 3 章揭示方法背后的模型并推导本章提出的方程。第 4 章介绍如何计算逻辑门的逻辑势并列出逻辑门类型纲目。第 5 章描述如何测量该方法所需的各种参数，例如 p_{inv} 和 τ。第 6~11 章深入探讨这个方法，并分析更复杂的设计问题。第 6 章和第 7 章描述如何在牺牲其他参数的情况下调整逻辑门来支持某一个特殊的输入或转换。第 8 章将逻辑势方法应用到其他电路系列中，包括伪 NMOS 电路、多米诺电路和传输门电路。第 9 章和第 10 章处理不规则的分叉和分支的电路问题。第 11 章使用逻辑势方法分析多输入门电路、译码器和选

择器等大输入电路结构。第 12 章总结逻辑势方法及这种方法可以应用的领域，给

出采用逻辑势方法的设计步骤，并与其他基于路径的设计方法做比较，此外这一

章也为设计者列出逻辑势方法的缺陷。即使第一次阅读时跳过了中间部分，还是

建议读者看一下结论。

　　读者可以随时查阅附录。刚开始学习时，逻辑势符号可能有些混乱，所以附

录 A 包含了一个完整的符号列表。附录 B 总结了在本书例题中采用的 0.6μm 工艺

的标称参数，附录 C 给出了奇数号的习题答案。

1.7 习   题

　　每个习题左边括号里的数字为该题目的难度系数，请查看前言中"关于习题"

的分级指南。

[20] 1.1 考虑图 1.11 所示的电路，两个都有 6 个扇出，即它们必须驱动 6 倍于其

　　　　　输入电容的负载。每个设计的路径势为多少？哪个最快？计算实现最小延迟

　　　　　的逻辑门的尺寸 x 和 y。

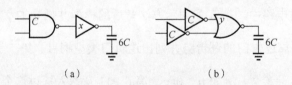

（a）   （b）

图 1.11 两种 2-输入与门电路

[20] 1.2 设计能计算 6-扇出 4-输入与非门的最快的电路。考虑 4-输入与非门、由

　　　　　4-输入与非门和两个反相器构成的电路，以及两个 2-输入与非门及一个 2-输

　　　　　入或非门和一个反相器构成的电路，估算每个电路可实现的最小延迟。如果

扇出较大，其他的电路实现会更好吗？

[10] 1.3　设计一个三层级逻辑路径，每层级承受的势分别为 10、9 和 7 个单位延迟。这种设计可以改进吗？为什么？对于这个路径来说最佳层级数是多少？你对现有设计的修改有什么建议？

[10] 1.4　一个时钟驱动器必须驱动 500 个最小尺寸的反相器，如果它的输入必须为一个最小尺寸的反相器，应该使用多少层级放大电路？如果时钟驱动器的输入来自通过集成电路外部的输入引脚，至少需要几层级？为什么？

[15] 1.5　一个系统设计在锁存器之间定义了 8 个电路逻辑层级。假定在八层级逻辑中最复杂的电路是 3-扇出 4-输入与非门，锁存开销可以忽略不计，估计最小时钟周期。

[20] 1.6　沿一条长导线从芯片一端往另一端传递信号，在信号源端只施加 1 个单位的负载，在信号的目的端芯片必须驱动 20 个单位的负载。分布在导线的电容相当于 100 个单位的负载，假设导线没有电阻，如果有需要可以翻转信号。请设计一个合适的放大器电路，该放大器应该置于导线的开头、中间还是末尾？

第2章 设计实例

本章将详细展示若干成功案例。为了描述清晰，一些案例将会比实际简单一点，但最后一个是设计者会直接面对的真实问题。

在读者阅读这些案例时，不但要学习逻辑势的应用方法，更要洞悉可以应用逻辑势方法的电路结构，逻辑势机制最大的优点是简化了结构化电路的分析过程。

所有案例都是 $p_{inv} = 1.0$ 时的 CMOS 逻辑门，逻辑势和寄生延迟的值分别列在表 1.1 和表 1.2 中，特定路径势对应的电路层级数列于表 1.3。

2.1 8-输入与门

Ben Bitdiddle 在开发 ALPHANOT 微处理器时，需要一种 8-输入与门。图 2.1 中的三种候选电路结构，哪种是最好的呢？

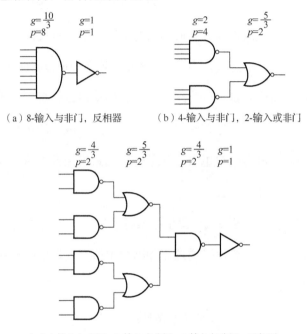

（a）8-输入与非门，反相器　　（b）4-输入与非门，2-输入或非门

（c）2-输入与非门，2-输入或非门，2-输入与非门，反相器

图 2.1 用于计算具有 8-输入与逻辑的电路

在开始分析这三种电路之前，先介绍一个将在本书中用到的标记方式。在描述电路中的路径时，需要列出路径上的逻辑门。图 2.1（a）中的电路可以由{8-输入与非门，反相器}描述，图 2.1（b）由{4-输入与非门，2-输入或非门}描述，类似的图 2.1（c）描述为{2-输入与非门，2-输入或非门，2-输入与非门，反相器}。电路通常都是对称的，所以电路上任何路径的描述内容都相同，正如图 2.1 中的电路一样。

采用逻辑势的方式分析这三种电路。电路 a：路径势为 8-输入与非门逻辑势（值为10/3）与反相器逻辑势（值为 1）的积，即 $G = 10/3 = 3.33$。电路 b：逻辑势为 4-输入与非门和 2-输入或非门的逻辑势的积，这两种逻辑门的逻辑势值分别为6/3和5/3，整个逻辑势为$10/3 = 3.33$，与电路 a 一致。最后一种电路逻辑势的计算过程为$(4/3) \times (5/3) \times (4/3) \times 1 = 2.96$。因为逻辑势与延迟相关，可以得出这样的结论：最后一个电路设计具有最小的逻辑势，所以是最快的电路。

负载也将影响电路的速度，所以逻辑势并不是唯一可以影响电路速度的因素。无论是从逻辑设计角度还是电气实现方面，相同电路设计可以有不同层级数，只有确定层级数之后，才能依据逻辑势方法累加各层级电路的逻辑势，计算出总体的最小延迟。因此，只有确定电气势和最优的电路层级数之后，才能知道哪种电路设计能够获得最小延迟。

式（1.17）定义的延迟公式给出了依据各子电路可承受的电气势 H 来计算最小延迟的方法。此公式也给出了通过累加路径上所有逻辑门的寄生延迟来计算寄生延迟影响的方法：

$$\hat{D} = N(GBH)^{1/N} + P$$

情况a：$\hat{D} = 2(3.33H)^{1/2} + 9.0$ $\qquad\qquad$ (2.1)

情况b：$\hat{D} = 2(3.33H)^{1/2} + 6.0$ $\qquad\qquad$ (2.2)

情况c：$\hat{D} = 4(2.96H)^{1/4} + 7.0$ $\qquad\qquad$ (2.3)

当电气势为 $H = 1$ 和 $H = 12$ 时，来看看电气势对电路的影响。表 2.1 给出了依据这两种电气势的值，通过延迟方程计算的各电路的延迟值。当 $H = 1$ 时，具有两个层级的电路（设计 a 和 b）的延迟要小于 4 个层级的电路（设计 c）。对于二层级电路而言，设计 b 要更快一点，因为 b 的寄生延迟要小一些。当电气势增加到 $H = 12$ 时，具有最大层级的电路最好。

表 2.1 两种电气势赋值时 8-输入与门电路的延迟

实例	$H=1$			$H=12$		
	$NF^{1/N}$	P	$\hat{D}=NF^{1/N}+P$	$NF^{1/N}$	P	$\hat{D}=NF^{1/N}+P$
a	3.65	9.0	12.65	12.64	9.0	21.64
b	3.65	6.0	9.65	12.64	6.0	18.64
c	5.25	7.0	12.25	9.77	7.0	16.77

这些结果符合由路径势预估的最优层级数。因为这三种电路的逻辑势都近似于 3，计算可得，当 $H=1$ 时，路径势 $F=GBH\approx 3$；而当 $H=12$ 时，$F\approx 36$，故具有 3 个层级的设计是最好的。很显然，电路 a 和电路 b 最接近于单层级的设计，但二层级设计还是四层级设计更接近于表中推荐的三层级呢，这并不容易立马得出结论。不过单层级设计的问题更多，所以在这个例子中电路 c 是最快的。这种分析忽略了不同类型的逻辑门的寄生延迟的影响，这种影响符合竞争电路（competing circuit）原理，只给出了近似结果，精确结果需要比较每一个电路的延迟方程，如表 2.1 所示。

这个例子表明，选用哪种设计取决于负载规模。因为负载和最优层级数之间有联系，必须知道负载电容与输入电容之间的关系才能确定最好的电路结构。

下面介绍逻辑门尺寸的计算。

研究 8-输入与门的多种实现电路能够掌握某条路径上逻辑门尺寸的计算方法。采用如图 2.1（c）所示的设计，其电气势 H 的值设为 12，再假设 4 单位的输入电容，其负载电容为 $4H=48$ 单位，由前面的分析可知，每个层级可以承载的势为 $\hat{f}=F^{1/4}=(2.96\times 12)^{1/4}=2.44$。再从最右端的反相器来沿路径方向分析，每一层级上可以应用电容变换公式（1.19），并通过输出负载来确定输入电容。

右端的反相器输入电容为 $C_{in} = 48 \times 1/2.44 = 19.66$，这个值可作为第三层级的输入负载，因此第三层级电容为 $C_{in} = 19.66 \times (4/3)/2.44 = 10.73$。这个值又作为第二层级与非门的负载，第二层级电容为 $C_{in} = 10.73 \times (5/3)/2.44 = 7.33$。最后，可以用这个值作为第一层级的与非门负载，其电容为 $C_{in} = 7.33 \times (4/3)/2.44 = 4.0$。这与输入电容相符，所以计算正确。

如果 Ben Bitdiddle 设计的是全定制芯片，他可以为每个门选择晶体管的尺寸来匹配上面计算的输入电容，这将在 4.3 节进一步讨论。如果 Ben Bitdiddle 使用现有的元件库，则更加简单，直接从元件库中选择输入电容跟计算值最接近的元件。3.6 节将会指出，适度偏离计算值的电路仍然可以提供优良的性能，所以不用担心库中没有符合精确尺寸的元件，即使进行全定制设计，也没有必要完全精确地调整晶体管尺寸，只需要接近计算值即可，比如一个整数。

由于舍入情况经常出现，并且精密尺寸也不是很重要，经验丰富的设计者往往口算逻辑势，只保留结果的一位或两位有效数字。

现在来考虑单位电气势，再来看看图 2.1（b）设计。假设输入电容为 4 单位，所以输出电容也是 4 单位。为了获得最快的操作，每层级应承载的势为

$$\hat{f} = F^{1/2} = (3.33 \times 1)^{1/2} = 1.83 \text{。}$$

来逆向分析，第二层级的与非门电容应为 $C_{in} = 4 \times (5/3)/1.83 = 3.64$，正好是第一层级与非门的负载，该负载的输入电容为 4。注意到这个与非门的电气势为 $3.64/4 = 0.91$，比 1 小！这个结果初看起来似乎有些令人担忧，但它只是意味着逻辑门的输出负载必须小于其输入负载，使逻辑门可以容易地驱动，并在规定的时间内完成运算。换句话说，因为需要均衡每层级的势，逻辑势 g 大的层级，其电气势 h 要小。

2.2　译　码　器

Ben Bitdiddle 负责一款面向汽车应用的嵌入式处理器 Motoroil 68W68 的存储器设计，他必须为一个 16 字长（word）的寄存器组设计译码器。每个寄存器为 32 位宽，每个位的总负载由逻辑门负载和导线负载构成，相当于 3 单位的晶体管。地址及其补码为四位用于驱动 10 单位的晶体管。

该译码器既可以由较少层级的高扇入逻辑门构成，也可以用简单逻辑门搭建为较多层级的设计实现。最好的拓扑结构取决于路径的势。然而该路径势依赖于逻辑势，逻辑势反过来取决于拓扑结构。

译码器是一个相对简单的结构，刚开始分析路径势的时候，可以假定逻辑势为单位值。电气势是 $32 \times \dfrac{3}{10} = 9.6$，地址与其补地址作为输入各控制一半输出，所以分支势是 8，路径势是 $9.6 \times 8 = 76.8$。所以，应该使用大约 $\log_4 76.8 = 3.1$ 个层级，但因为忽略了逻辑势，实际的层级值将比估计的略高。图 2.2 为三层级的电路，而习题 2.3 涉及一个四层级电路。

三层级电路使用了 16 个 4-输入与非门。每种地址都必须驱动 8 个与非门，所以地址的输入电容不能太小，需要用反相器来增加信号的驱动能力。那么如何裁剪译码器的尺寸，其延迟是多少？

因为逻辑势是 $1 \times 2 \times 1 = 2$，所以实际路径势是 154，层级势为 $f = (154)^{1/3} = 5.36$。从输出回溯分析，最后的反相器必须具有的输入电容为 $z = (32 \times 3) \times 1 / 5.36 = 18$，与非门必须具有的输入电容为 $y = 18 \times 2 / 5.36 = 6.7$，延迟是 $3f + P = 3 \times 5.36 + 1 + 4 + 1 = 22.1$。这些结果总结在表 2.2 的实例 1 中。

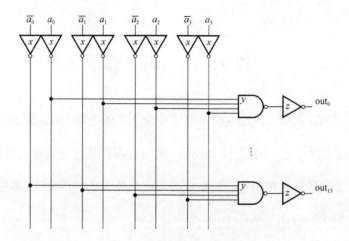

图 2.2   三层级 4：16 译码器电路

表 2.2   译码器的尺寸和延迟

实例	x	y	z	u	v	P	D
1	10	6.7	18			6	22.1
2	10	6.7	18	10	23.2	7	22.4
3	11.2	9.8	21.6	8.8	26.2	7	21.8

假设仅有输入地址，Ben Bitdiddle 必须自己产生补地址。为了与前面示例的原理匹配，令地址信号驱动 20 个单位的晶体管负载。新译码器如图 2.3 所示。

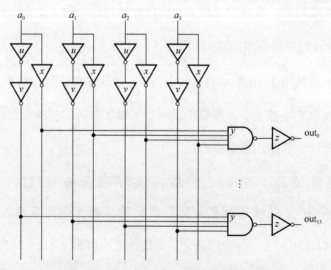

图 2.3   具有单极性输入的 4：16 译码器

　　用于计算（地址）输入及其互补信号的反相器串称为叉（fork），将在第 9 章进一步讨论。叉中每一条双反相器分支和单反相器分支必须在相同时间段内驱动同一与非门的负载，故需要计算此电路的最佳尺寸，以令这个叉稳定地工作。幸运的是，通过简单的近似分析，就能得到好结果。

　　假设 $x=u=10$，并使用先前计算出的大小为 y 和 z 的与门。如何选择 v 来获得最小延迟？已知反相器 u 和 v 的层级势相等，二者共同负载单反相器路径势，由于 $\sqrt{5.36}=2.32$，故 $v=10\sqrt{5.36}=23.2$，通过双反相器分支的延迟是 $2.32\times 2+5.36\times 2+1+1+4+1=22.4$。这些结果总结在表 2.2 中的实例 2。这种拓扑比原设计慢不到 2%，所以该近似设计工作良好。

　　如果以 ps 为单位考虑延迟，可以试着微微调整下尺寸。例如，可以把超过一半的地址输入电容集中到叉中一个分支来提高电路的性能。另外，将第二层级的势值设置为大于叉中单反相器串的势，并小于双反相器串的势，也可以提高电路性能。可以使用电子数据表软件编写延迟方程并求解最小延迟，从而找到最佳尺寸。这些结果总结在表 2.2 的实例 3 中。延迟改善很小，可能是不值得的。

　　Ben Bitdiddle 设计的电路包含数以亿万计的晶体管，他不会浪费时间调整晶体管尺寸只求得微小的电路改进。那他如何提前发现他的设计足够好呢？在 3.4 节将介绍最可能获得的最佳延迟是 $\rho \log_{\rho} F+P$，其中最佳的层级势 ρ 大概是 4。因此，电路延迟的下界如图 2.2 所示，是 $4\log_{4}154+1+4+1=20.5$。

2.3　同 步 仲 裁

　　Ben Bitdiddle 再次进行五角星处理器项目研发，该处理器有 5 个独立功能模块，它们共享由仲裁电路管理的片上总线，该电路决定在每个周期上哪一个功能模块使用总线（图 2.4）。总线和仲裁电路的操作需要同步：在一个时钟周期中，每个功能模块提出其请求信号 R_i 至仲裁电路，仲裁电路计算出一个授权信号 G_i，表示哪个功能模块可在下一个周期使用总线。这五个功能模块有固定的优先级，模块 1 的优先级最高，模块 5 的最低。

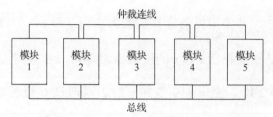

图 2.4   由通用总线和仲裁电路连接的 5 个功能模块的物理布局

模块足够大时，它们之间导线的寄生电路比较显著

仲裁电路的速度是关键，因为每个模块需要一部分时钟周期来计算请求信号，时钟周期的剩余部分必须足够计算仲裁结果。而且，由于功能模块硬件面积大，模块之间的导线电容会延缓电路，电路的关键延迟从请求信号的到达时刻开始计算，直到最后授权信号分发后结束。

本实例探索路径的合适的层级数，也研究固定的导线负载效应。此过程有点复杂，可以在第一次阅读时跳过。

2.3.1   初始电路

一个设计者提出了如图 2.5 的仲裁电路，采用链（daisy chain）式仲裁模块访问总线。通过 C_i 信号来表示链，其被刻画为"只有当模块 i 请求总线，同时其他具有更高优先级的模块没有请求服务时，C_i 才为真值"。设计者形式化定义了如下布尔方程，表示链中各个模块的总线访问规则：

$$C_0 = \text{true} \tag{2.4}$$

$$C_i = C_{i-1} \land \overline{R_i} \tag{2.5}$$

$$G_i = C_{i-1} \land R_i \tag{2.6}$$

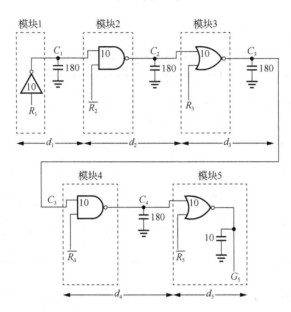

图 2.5　可处理 5 个模块的链式仲裁电路

模块 1 有最高优先级，模块 5 最低。这里仅标示了关键路径，计算模块 1～4 的授权信号还需要额外电路

设计者清楚层级数量越小，电路速度越快，所以设计师变换这些方程，每一层级只有一个逻辑门：

$$\overline{C_i} = \overline{C_{i-1} \land \overline{R_i}} \tag{2.7}$$

$$C_i = \overline{\overline{C_{i-1}} \lor R_i} \tag{2.8}$$

因此，链信号及其补信号在与非门和或非门两种逻辑门间变换，实现了链功能。图 2.5 显示了从 R_1 到 G_5 关键路径上的所有电路，但省略了很多其他部分。假设请求信号包括信号本身和其补值形式，那么授权信号可以由补值计算得出，R_i

和 G_i 均由 10 单位电容驱动，连接相邻功能模块的导线的寄生电容为 180 单位。

接下来估算图中具有五个层级电路的速度，需要分析每个层级延迟 d_i，对于每个层级而言，先确定电气势和逻辑势，二者相乘就能求出势延迟。结果列在表 2.3 中，势延迟共计 103，寄生延迟为 9，延迟一共是 112。

表 2.3　针对图 2.5 电路的延迟计算结果

层次	C_{in}	C_{out}	$h = C_{out} / C_{in}$	g	$f = gh$	p
1	10	190	19	1	19	1.0
2	10	190	19	4/3	25.3	2.0
3	10	190	19	5/3	31.7	2.0
4	10	190	19	4/3	25.3	2.0
5	10	10	1	5/3	1.7	2.0
总延迟					103	9.0

表 2.3 说明图 2.5 中的电路设计存在一些缺陷。势延迟在每个层级相同时总延迟最小，但此设计中延迟从 1.7 变到约 32，说明这个设计的层级划分有误。

沿着这条路径计算势值，因为输入电容 R_1 和输出电容 G_5 的值为 10，所以路径上的电气势是 1；由于导线中寄生电容的缘故，此路径上四个分支点的分支势值为 $(180+10)/10 = 19$，整体分支势为 19^4；路径上的逻辑势为各逻辑门的逻辑势乘积，即 $1 \times (4/3) \times (5/3) \times (4/3) \times (5/3) = 4.94$，故路径势为 $GBH = 4.94 \times 19^4 \times 1 = 643785$。表 1.3 说明当前设计应该用十层级，而不是五层级。这是一个巨大的设计错误，这也说明此设计有明显的改进空间。

通过增大链的与非门面积可以实现一种简单的改进方法。如果每个逻辑门的输入电容是 90 而不是 10，分支势将会减少到 3^4，总的路径势将会变成 $F = 4.94 \times$

$81 \times 1 = 400$ 。如果还是采用五层级设计的话，每层级估算出的延迟为 $5(400)^{1/5} + 9p_{\text{inv}} = 25.6$ ，这相对于原始设计 112 的估算值是一个巨大的改进。但是，这种改变增加了每一个请求信号的负载，这将引起更多的延迟和更大的面积。

2.3.2 改进电路

因为本例中最好的设计需要采用十层级的逻辑电路，所以需要将原始电路中每个功能模块分解成由一个逻辑门和一个反相器组成的二层级电路，这样可以使链信号保持真值，使所有的仲裁模块也能维持一致。图 2.6 显示出这种新结构：图中间方框内的电路与原始仲裁器的模块 2、3、4 相关。新结构的第一个模块中 C_0 恒为 1，最后一个功能模块的 C_6 是不需要的。

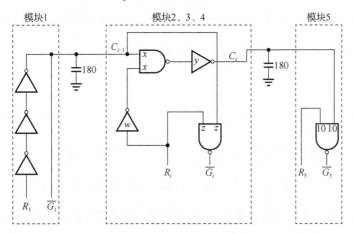

图 2.6 改进的仲裁电路，每个功能模块由二层级实现

图 2.6 中由变量 w、x、y 和 z 表示的晶体管尺寸都可以由逻辑势的方法确定。现在来分析中间模块的关键路径，即从 C_{i-1} 到 C_i 的路径。这条路径上的负载电容由 180 单位的寄生电容外加下一模块中 2 个与非门的输出电容 $x+z$，整个路径的电气势为 $H = C_{\text{out}} / C_{\text{in}} = (180 + x + z) / x$ 。这条路径的逻辑势是与非门的逻

辑势 $4/3\times1=4/3$。为了使此电路设计更快，正如在 1.4 节中所讨论，应该让逻辑

势大约为 4。因为使用的是二层级设计，两个层级应该承载的势为 $4\times4=16$，可

以得到如下方程：

$$F = GH \tag{2.9}$$

$$16 = \frac{4}{3}\frac{180+x+z}{x} \tag{2.10}$$

为了解此方程，假设与 $180+x$ 相比，z 很小且可以忽略，代入得 $x=16.4$。

可以通过两种方式计算 y。由于与非门层级的势延迟为 4，所以

$$f = gh \tag{2.11}$$

$$4 = (4/3)(y/x) \tag{2.12}$$

因为 $x=16.4$，可以解得 $y=49$。或者，可以考虑反相器层级的延迟，其近似

电气势为 $(180+x)/y$，可得到延迟方程为 $4=(180+x)/y$。解方程可得 y，答案

一致。

现在来计算 z 和 w，虽然从 R_i 开始或者到 G_i 结束的路径，不是仲裁链的关键

路径，但也来尝试设计以获得合理性能。对于一个拥有层级延迟为 4 的反相器，

必须使 $x/w=4$，可得 $w=4.1$。根据说明 R_i 提供 10 单位电容的负载，可得

$z=10-w=5.9$。这意味着产生 $\overline{G_i}$ 信号的势延迟将会是 $gh=(4/3)(10/5.9)=2.3$，

此延迟合理吗？如果比 4 大得多，这个门将会拥有非常慢的上升/下降时间。如果

远小于 4，这个门可能会在其输入端出现太重的负载。在 3.5 节将指出理想的层级

势取值范围是 2～8，所以 2.3 是可以接受的。

再来看看设计中的第一个和最后一个模块，最后一个模块只需要产生 $\overline{G_5}$。给

定负载电容 R_5 后，可以在允许范围内将与非门设计得尽量大，使其尽可能地快。

第一个模块需要驱动的负载电容为 $C_1 = \overline{R_1}$，这个负载包括连接到 $\overline{G_1}$ 的 10 单位，导线电容 180 单位，模块 2 的输入电容 $x + z = 22.3$ 单位，总计 212 单位，所以电气势为 $H = 212/10 = 21$。反相器的逻辑势为 1，故路径势 F 也为 21。由表 1.3 可知需要二层级逻辑承受这个势，但是需要奇数个反相器，那么应该使用一个还是三个反相器呢？相比于一个反相器，这个势更接近于三个反相器的范围，因此选择三个。选择层级数的另一个方法是计算 $N = \log_4 F = 2.2$，然后 N 舍入到最接近的奇数层级值，即 3。

层级势延迟为 $H^{1/N} = 21.2^{1/3} = 2.8$。已知第一个反相器的输入电容是 10 单位，所以第二个的输入电容将会是 $10 \times 2.8 = 28$，并且第三个将是 $10 \times 2.8 \times 2.8 = 78$。

到此为止，设计完成了，来计算所期望的关键路径 R_1 到 $\overline{G_5}$ 的延迟。这个计算大体上是一个根据层级延迟选择晶体管尺寸的问题，计算结果显示在表 2.4 中。路径势延迟为 33.7，寄生延迟为 14，总计 47.7。可以看到，改进的电路比原先的快 2 倍以上。原电路的设计者试图通过最小化电路中逻辑门的数量来增加速度，而更快的电路却用了 2 倍数量的逻辑门。

表 2.4 针对图 2.6 电路的延迟计算结果

模块	层级数	层级势延迟	路径势延迟	路径寄生延迟
1	3	2.8	8.4	1×3
2	2	4	8.0	2+1
3	2	4	8.0	2+1
4	2	4	8.0	2+1
5	1	1.3	1.3	2
总延迟			33.7	14

需要注意的是，在这个电路中固定的导线电容仍然对负载起主导作用。因此，链中采用大尺寸的逻辑门以后，可以显著降低层级势，同时稍微增加了 C_i 信号的总负载。找到固定负载问题的精确解通常需要迭代，但是其本质思想是增大电容值固定的节点中（单个/多个）逻辑门的尺寸，直到其输入电容相对于整个节点占比为主导。

2.3.3　新设计

改变仲裁电路的结构能使它更快。当前设计的缺点在于链结构，它负载了大寄生电容。链的四部分逻辑上串联，因此电气势和逻辑势复合在一起产生了非常大的路径势而导致较大的延迟。

另一种结构同时将四个请求信号 $R_i\,(i=1,2,3,4)$ 传送到所有模块，并在每个模块添加逻辑电路来产生授权信号。图 2.7 显示了这个结构，此结构不需要原始设计中的模块 2 和模块 4，类似于模块 3。注意在四个广播信号上的电容负载是每个链信号负载的 4 倍，其原因在于广播信号具有 4 倍长。

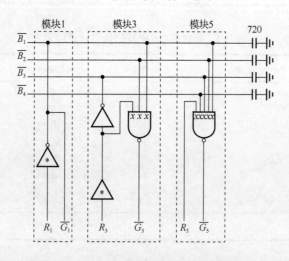

图 2.7　基于广播请求的仲裁电路的选择模块

来分析路径 R_1 到 G_5 上的势。因为 R_1 和 $\overline{G_5}$ 上负载都是 10 单位，所以电气势为 1。路径逻辑势为 5-输入与非门的逻辑势，值为 $7/3$。分支势是 $(720+4x)/x$，x 是与非门的输入电容。因此路径势是 $F=GBH=(7/3)\times(720+4x)/x\times1$。为得到最小延迟，应该选择尽可能大的 x 值来使路径势最小，但过大不仅会导致布图问题，同时 x 与它驱动的负载电容大小差不多时，增加 x 并不会产生更多益处，而且尽管大的 x 在理论上会减小分支势，但驱动负载的延迟已经很小了。选择一个适中的值，$x=10$，一部分原因是此值令 R_5 可直接驱动与非门，另一部分原因是这是一个方便计算的数值。因此根据表 1.3 展示的四层级设计，可得 $F=177.3$。与非门是一个层级，还需使用三个反相器来放大 R_1 以驱动广播导线。

尽管还是必须去计算晶体管尺寸，但可以估计该设计的延迟。每一层级势延迟为 $\hat{f}=F^{1/N}=177.3^{1/4}=3.6$，总层级延迟为 $4\times3.6=14.4$。三个反相器的寄生延迟为 3×1.0，与非门的为 5×1.0，总计为 8.0，因此总延迟为 $\hat{D}=14.4+8.0=22.4$。这比先前设计有了进一步的改进，但其代价是额外的长导线。这个新设计可以并发操作长导线，而慢的链设计顺序地操作其主导线。

2.4 本 章 小 结

本章中的设计实例体现出高速电路设计的几个要点：

（1）树形结构将大量输入组合在一起，适用于大电气势的设计包括加法器、译码器、比较器等。第 11 章将进一步展示应用树形结构的设计实例。

（2）叉结构用来生成一个信号的原值和补值。输入电容均衡分配于不同分支，可以使势延迟均衡。

（3）减少门电路的数目并不总是一个好主意。图 2.6 电路中的关键路径使用门的数量是图 2.5 电路中的关键路径的 2 倍，但它实质上更快。最佳层级数取决于整体路径势。

（4）因为延迟随电容负载的对数增长，把负载合并到电路中的某一个组成部分而不是分散到四周往往更明智。因此，图 2.7 中的广播方案比链方式更好。10.4 节将进一步考虑这个问题。

（5）当一个路径具有大的固定的负载时，例如导线电容，在节点上使用大的逻辑门接收此电容，将使路径更快。尺寸大的逻辑门将会提供更多的电流，同时只略微增加节点总电容。换言之，较大接收器（逻辑门）减小了路径的分支势。

（6）在估计电路设计的实际延迟时，尽管寄生延迟很重要，但它很少直接进入计算过程，而是间接地计入最佳层级数目的选择过程，由每层级承载的最佳层级势来体现。

2.5 习　　题

[20] 2.1　比较图 2.1 中三个例子的延迟，根据方程（2.1）～方程（2.3）分别绘制出三条延迟曲线。这个图表示出总延迟是电气势 H 的函数，H 的值一直取到 $H = 200$。再考虑给图 2.1（c）所示的电路输出端多连接两个反相器的例子，写出这个例子的延迟方程，并将它绘入图中，该图表明了什么？

[20] 2.2　假设电气势是 140，找到在最短时间内能计算 6-输入或函数的电路网络。这个网络可使用最多 4-输入与非门和或非门，以及反相器。

[20] 2.3　在估算译码器层级数时，没有考虑逻辑势，所以可能低估了最佳层级数。

假设修改图 2.2 使用原值和补值作为输入端译码器电路，添加输入反相器将原来三层级设计转变为四层级，计算每层级的最佳尺寸和译码器的延迟。这和三层级设计相比好还是坏？差异显著吗？

[15]　2.4　图 2.6 所示仲裁器电路的中间模块的关键路径从 C_{i-1} 到 C_i，这表明跟 R_i 和 G_i 相关的逻辑门尺寸可以设定为期望的小数值，例如 $w=z=1$。这么做是否合理？为什么？

[10]　2.5　图 2.6 中的设计在每层级中都用了一个与非门，为什么不用或非门？

[25]　2.6　图 2.6 中的设计使用了一些颇大尺寸的晶体管。假设你可以用的最大的反相器或者逻辑门拥有 30 单位的输入电容，你可以得到的设计有多快？

[30]　2.7　设计一个类似于 2.3 节的仲裁电路，要求全部延迟不能超过 60 单位。你会选哪个结构？请做出详细设计。

第3章　基于逻辑势的推导方法

逻辑势方法的原理出自逻辑门通过电阻时会对电容进行充放电并产生延迟。其中，电容是晶体管栅极和寄生电容的模型，电阻则作为供压电源和逻辑门的输出端之间的晶体管网络的模型。本章的推导为以下概念提供物理基础：

（1）逻辑势、电气势以及寄生延迟是描述逻辑门延迟的线性方程的参数。

（2）当逻辑门构成的路径上每个逻辑门都承受相同大小的逻辑势时，整个路径的延迟最小。

（3）只要知道路径上的势和反相器的寄生延迟，就可以计算出此路径具有最小延迟时的层级数。

（4）由层级划分错误引起的额外延迟一般很小，除非错误划分的层级数与理论值相比偏差很大。

这些论述证实了逻辑势方法。

3.1　逻辑门模型

图 3.1 给出的电气模型可以近似地描述单个静态 CMOS 逻辑门的行为。图中，输入端由和它连接的晶体管栅极组成的电容 C_{in} 负载，输入端上的电压（在图中仅标出了一个）决定晶体管的导通与截止。如果上方的开关导通，它将通过一个上拉电阻 R_{ui} 连接逻辑门的输出到正电源，此上拉电阻代表了整个上拉晶体管网络，这个网络可以将电流从正电源导通到输出端。类似地，下方的开关也可能导通，通过一个下拉电阻 R_{di} 使逻辑门的输出端与地线（ground）相连。逻辑门的输出驱动两个负载电容：一个是寄生电容 C_{pi}，跟逻辑门自身的晶体管组成相关；另一个是负载电容 C_{out}，表示由此逻辑门驱动的其他逻辑门的输入电容负载以及与此逻辑门输出端连接的导线的寄生电容所共同决定的负载。

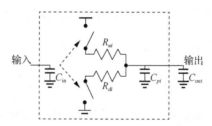

图 3.1　单输入 CMOS 逻辑的栅极概念模型（输出经由电阻驱动为高电平或低电平）

逻辑门由如下 4 个量建模：C_{in}、R_{ui}、R_{di} 和 C_{pi}，这些量以各种方式互相关联，具体取决于特定的逻辑功能，以及 CMOS 工艺决定的晶体管性能等。因为侧重于挑选晶体管的尺寸以获得最小延迟，应该将逻辑门视为模板电路（template circuit）缩放后的实例。为了获取某种特定的逻辑门，可以用缩放系数 α 来缩放模板中的所有晶体管的宽度，除此之外，此模板还需要包含输入电容 C_t，相等的上拉和下

拉的电阻 R_t，以及寄生电容 C_{pt}。因此模型中的 4 个量依赖于模板属性以及缩放系数 α：

$$C_{in} = \alpha C_t \tag{3.1}$$

$$R_i = R_{ui} = R_{di} = \frac{R_t}{\alpha} \tag{3.2}$$

$$C_{pi} = \alpha C_{pt} \tag{3.3}$$

由上述公式可知，通过 α 缩放模板时，只需改变晶体管的宽度而固定其长度，放大晶体管的宽度使它自身的门电路电容增大，而电阻减小。此外，这些方程中的关系也反映出上拉和下拉电阻相等的假定，故当逻辑门输出改变时，逻辑门表现出相同的上升和下降时间。这项限制使得电路整体上稍慢，此问题将在第 7 章解决。

图 3.1 中的模型很容易与反相器设计联系起来，比如图 3.2 中的反相器晶体管网络模板（后续称图 3.2 所示的反相器为模板反相器）。图 3.1 表示了宽度为 W_n、长度为 L_n 的 N 型下拉晶体管模型，此模型通过电阻 R_{di} 和开关组成一条从输出端到地线的路径。类似地，也能以宽度为 W_p、长度为 L_p 的 P 型晶体管为模型，通过电阻 R_{ui} 和开关组成一条连接到正电源的路径。两个晶体管构成的门电路电容正比于此门电路的面积，并且负载了输入信号：

$$C_t = k_1 W_n L_n + k_1 W_p L_p \tag{3.4}$$

式中，k_1 是由生产工艺制程确定的常量。电阻值由下式决定：

$$\frac{1}{R_t} = \frac{k_2 \mu_n W_n}{L_n} = \frac{k_2 \mu_p W_p}{L_p} \tag{3.5}$$

式中，k_2 也是由生产工艺确定的常量，μ 表示 N 型和 P 型晶体管中相关载流子的迁移率。需要注意的是，此方程隐含了反相器的设计模板的一种约束，此约束保证了上拉和下拉电阻相等，即 $\mu_n W_n / L_n = \mu_p W_p / L_p$。

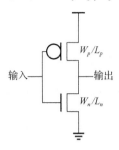

图 3.2 反相器设计（晶体管标记为其本身宽度与长度的比）

图 3.1 中的模型很容易联系到非反相器的逻辑门电路，每个输入端由它所驱动的晶体管栅极的电容负载。逻辑门电路可以视为连接多个晶体管源极和漏极的开关网络，逻辑门的输出是连接到电源还是地线，取决于控制此开关网络中晶体管输入信号的电压；模型中的上拉和下拉电阻表示网络中上拉路径或下拉路径激活时整个网络的有效电阻。关于常用逻辑门与此模型关系的详细分析，将在第 4 章详述。

3.2 逻辑门的延迟

图 3.1 中逻辑门的延迟只涉及与输出点电容充放电相关的电阻-电容电路（resistor-capacitance circuit，RC）的电路延迟：

$$d_{abs} = kR_i(C_{out} + C_{pi}) \tag{3.6}$$

$$= k\left(\frac{R_t}{\alpha}\right)C_{in}\left(\frac{C_{out}}{C_{in}}\right) + k\left(\frac{R_t}{\alpha}\right)(\alpha C_{pt})$$

$$= (kR_t C_t)\left(\frac{C_{out}}{C_{in}}\right) + kR_t C_{pt} \tag{3.7}$$

式中，k 是一个与制造工艺相关的常特征量，与 RC 的时间延迟常数（time constants

to delay）相关。重新组织方程（3.6）的项，并根据方程（3.1）～方程（3.3）替换 R_i、C_{in}、和 C_{pi}，就能得到方程（3.7）。缩放系数 α 不会出现于方程的最终形式，它隐含在 C_{in} 中，这正是此方程的特征。

重写方程（3.7）来定义逻辑势的几个重要方程：

$$d_{abs} = \tau(gh + p) \tag{3.8}$$

$$\tau = kR_{inv}C_{inv} \tag{3.9}$$

$$g = \frac{R_t C_t}{R_{inv}C_{inv}} \tag{3.10}$$

$$h = \frac{C_{out}}{C_{in}} \tag{3.11}$$

$$p = \frac{R_t C_{pt}}{R_{inv}C_{inv}} \tag{3.12}$$

式中，C_{inv} 是模板反相器的输入电容；R_{inv} 是模板反相器的上拉和下拉晶体管的电阻。

方程（3.8）根据逻辑势 g、电气势 h 和寄生延迟 p 给出了逻辑门的延迟。这个方程描述的是绝对延迟，而不是像方程（1.5）那样用单位延迟来度量延迟。绝对延迟和单位延迟通过时间 τ 换算，这个量与生产工艺相关，指的是电气势为 1 且没有寄生延迟的理想反相器的延迟。使用更加精确的晶体管模型，再推导公式（3.6）就可以得到 τ 的解析值，其形式由晶体管的宽度和长度、门电路的氧化层厚度、迁移率以及其他工艺参数表示。τ 的具体值可以选择其他方法，从合适的测试电路中提取（见 5.1 节）。

逻辑门模板电路的拓扑结构决定了方程（3.10）给出的逻辑势，其与缩放系数 α 无关。实际上，逻辑势比较了逻辑门和反相器的 RC 时间特征常量。需要注意的是，反相器的逻辑势设置为1。

　　方程（3.11）中定义的电气势仅仅是逻辑门的输入电容与特定输入电容的比值，与方程（1.4）中的定义相同。注意观察，逻辑门中使用的晶体管的尺寸影响电气势，因为它决定着门电路的输入电容，受到缩放系数 α 的影响。

　　方程（3.12）定义了逻辑门的寄生延迟，此方程跟逻辑门的缩放系数 α 无关，它表示了跟逻辑门运算类型相关的固定延迟，而与逻辑门尺寸和负载无关。需要注意的是，对于一个反相器，寄生延迟 p 是寄生电容与输入电容的比值。

　　方程（3.8）描述的延迟和负载间的线性关系更具有一般性。在模型推导时已经假设晶体管行为跟电阻一样，但如果再假设晶体管为拉电流（current source）的话，就得到与方程（3.8）相同的线性关系。故对于任何描述同时包含拉电流与电阻行为的晶体管模型而言，此方法都可以正确地处理线性区和饱和区（linear and saturated region）的晶体管行为。如果使用晶体管的电阻模型，它们的输出电流将呈指数波形（exponential waveform），只有在不同的电容值和晶体管宽度做线性延伸时波形才会失真。如果使用晶体管拉电流模型，则它们的输出电流将呈锯齿波形，也仅在电容和晶体管的宽度值变化时波形才会失真。

　　事实上，方程（3.8）只要求延迟随负载呈线性增大，随晶体管的宽度放大呈线性下降。简单模型的输出电压的指数行为可以描述为微分方程，此方程与输出电压的变化、输出电压值的比相关。当输出电压接近其最终值时，电阻提供的电流十分微小，输出电压的变化速度会降低。如果任何假设为常数的参数随输出电压而改变，那么微分方程将变得更加复杂，但是其解依旧保持相同的特征。例如，如果构成驱动负载的晶体管栅极电容依赖于其电压，就像它实际表现的一样，输出电压将不再呈指数波形，但是它不会改变其一般特征。以此类推，如果通过晶体管的电流由其漏极到源极的电压决定，就像它实际表现的一样，其输出电压将扰动这个指数波形，不过，这也不会影响其一般特征。

该模型忽略的部分效应对于逻辑势方法的影响不大。其中最重要的一个是由于不同的门电路输入电压而导致的输出电流的变化，这又导致输入信号不同的上升时间而产生的逻辑门延迟的变化。长的输入上升时间会增加逻辑门的延迟，其原因是当输入电压接近开关门限时，上拉和下拉电路网络可能不会完全地导通或截止（所以这种情况符合此模型）。如果所有的上升时间相等，所有的逻辑门将展示相同的充电电流波形，同理输出电压的波形也相同，从而这种简单模型依然会成立。逻辑势方法通过让所有的逻辑门承受相同的逻辑势使得其上升时间大体相同，因此完全可以忽略方程（3.8）中上升时间的影响。

依托精确的电路模拟可以进一步得到支持这种模型的证据，将在 5.1 节中描述。虽然延迟模型非常简单，但是其在适当的校准后会非常精确。事实上，它是大部分静态时间分析工具所采用的基础模型。

3.3　路径延迟的最小化方法

单个逻辑门的延迟模型定义了计算一系列串联逻辑门的最小延迟的方法。关键的结论是，一条路径上每个逻辑门承受的势都相等时路径延迟最小。

考虑图 3.3 中二层级的路径。路径的输入电容是 C_1，即第一层级的输入电容。电容 C_3 是第二层级的负载。依据方程（3.8），以 τ 为单位的总体延迟是

$$D = (g_1 h_1 + p_1) + (g_2 h_2 + p_2) \tag{3.13}$$

当方程中的逻辑势 g_1 和 g_2 以及寄生延迟 p_1 和 p_2 给定时，那么每个层级的电气势能够被调整以得到最小的整体延迟。

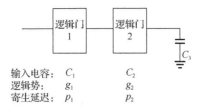

输入电容:　C_1　　　　　C_2
逻辑势:　　g_1　　　　　g_2
寄生延迟:　p_1　　　　　p_2

图 3.3　二层级路径的例子

但是电气势却受输入电容 C_1 以及负载电容 C_3 约束:

$$h_1 = \frac{C_2}{C_1}$$

$$h_2 = \frac{C_3}{C_2}$$

因为分支势是 1, 所以有

$$h_1 h_2 = \frac{C_3}{C_1} = H$$

路径的电气势 H 是一个给定的不可调整的常数。将 $h_2 = H / h_1$ 代入方程(3.13)中,

可以得到

$$D = (g_1 h_1 + p_1) + \left(\frac{g_2 H}{h_1} + p_2 \right) \tag{3.14}$$

为使 D 最小, 将对唯一的变量 h_1 求偏导, 令结果为 0, 求解 h_1 可得

$$\frac{\partial D}{\partial h_1} = g_1 - \frac{g_2 H}{h_1^2} = 0 \tag{3.15}$$

$$g_1 h_1 = g_2 h_2 \tag{3.16}$$

因此, 当每个层级承受相同的势——逻辑势和电气势的乘积, 此时延迟最小。这个结论既与电路规模无关, 也不依赖于寄生延迟, 但并不意味着两个层级中的延迟相等, 如果寄生延迟不同, 这两个延迟也将会不同。

这个结论可以推广到任意层级数的路径(习题 3.3), 也可以扩充到带有分支势的路径。最快的设计常常使每个层级的势相等。

现在来了解如何计算每个层级的势。假设有一个长度为 N 的路径：

$$h_1 h_2 \cdots h_N = BH \tag{3.17}$$

式中，路径电气势 H 是最后一个层级负载与第一个层级输入电容的比值；分支势 B 为各层级分支的乘积。定义路径逻辑势为

$$g_1 g_2 \cdots g_N = G \tag{3.18}$$

将两式相乘，就得到路径势 F：

$$(g_1 h_1)(g_2 h_2) \cdots (g_N h_N) = GBH = F \tag{3.19}$$

为了保持最小延迟，左边的 N 个因式必须相等。此时，每个层级将承受相同的势 $\hat{f} = gh$。所以该方程可以被重写为

$$\hat{f}^N = F \tag{3.20}$$

或者

$$\hat{f} = F^{1/N} \tag{3.21}$$

已知路径的 G、B、H 和 N，就能够首先计算出 F，然后再计算出最小延迟时的层级势 $\hat{f}$（在一个量上面加个尖帽表示最小路径延迟）。现在可以求得每个层级的电气势了：$h_i = \hat{f}/g_i$。为了计算晶体管的尺寸，沿着路径向前或向后进行尝试，每次尝试都选择不同的晶体管尺寸，最终就能得到每个层级所要求的电气势。这个步骤在 1.3 节中就概述了。

通过上述优化办法，路径延迟为

$$\hat{D} = \sum (g_i h_i + p_i) = NF^{1/N} + P \tag{3.22}$$

上述过程通过仔细安排路径以获得最小延迟，虽然寄生延迟不对上述过程产生任何影响，但它们的确影响了真正的延迟。下一节将介绍寄生延迟也会影响一个路径中的最优层级数。

3.4　路径长度的选择方法

尽管对于某个给定路径，均衡每个层级承受的势，可以使整个路径的延迟变小。但是有时候可以调整该路径中层级的数目使延迟进一步缩小，这种优化方法可以从延迟模型中直接得出。

考虑一个包含 n_1 层级的逻辑门路径，往这条路径上添加 n_2 个额外反相器，获得一条共有 $N = n_1 + n_2$ 个层级的路径。假设原有的 n_1 层级执行必要的逻辑功能，所以只能通过缩放形式来修改它们。必要的时候，可以通过修改后续添加的 n_2 个反相器的数量，来减小延迟。通常情况下，为了保持正确的逻辑功能，只能加入偶数个反相器，不过改变逻辑函数后也能匹配奇数个反相器。进一步假设路径势 $F = GBH$ 是已知的：逻辑势与分支势是 n_1 个逻辑层级的属性，与添加的额外反相器无关；电气势由输入和负载电容确定。

N 层级的最小延迟是各逻辑层级延迟及反相器层级延迟的和：

$$\hat{D} = NF^{1/N} + (\sum_{i=1}^{n_1} p_i) + (N - n_i) p_{\text{inv}} \tag{3.23}$$

如同前一节所阐述，将势平均分配到 N 个层级，得到第一项。第二项是逻辑层级的寄生延迟，第三项是反相器的寄生延迟。对 N 微分并令结果为 0，得到

$$\frac{\partial \hat{D}}{\partial N} = -F^{1/N} \ln(F^{1/N}) + F^{1/N} + p_{\text{inv}} = 0 \tag{3.24}$$

方程（3.24）的解记为 $\hat{N}$，表示最小延迟时的层级数。采用此层级数时，每个层级承受的势定义为 $\hat{\rho} = F^{1/\hat{N}}$，则方程的解可以表示为

$$p_{\text{inv}} + \rho(1 - \ln \rho) = 0 \tag{3.25}$$

换言之，最快的设计中沿着路径的每个层级承受的势等于 ρ，此处 ρ 是方

程（3.25）的解。所以称 ρ 为最佳层级势。

ρ 和 $\hat{f}$ 都可以刻画最小延迟时的层级势，理解二者的关系很重要。$\hat{f}$ 的表达式见方程（3.21），在层级数 N 已知时，确定了最佳逻辑势。相比之下，与路径属性无关的常数 ρ，表示调整层级数，令路径达到最小延迟时具有的层级势。

方程（3.25）说明，最佳层级势 ρ 是反相器寄生延迟的函数，其解释很直观。电路中逻辑门的寄生电容是固定的——这意味着你没有办法改变它，它只是简单地在路径中添加固定延迟。调整逻辑门的尺寸只能改变它们的势延迟，但不能改变寄生延迟。所以，如果为了提升电路速度，添加一个反相器作为增益，就需要知道包括寄生延迟的真实延迟。随着 p_{inv} 的增加，增加反相器已经没有多少增益，其额外的寄生负载减弱了它们的增益。所以，最佳层级数变小了。

虽然方程（3.25）没有封闭解，但在 p_{inv} 已知时求 ρ 的值并不难，图 3.4 显示了这个解是反相器的寄生延迟的函数。需要注意的是，如果假设反相器的寄生延迟值为 0，那么 $\rho = e = 2.718$；当忽略寄生延迟时，这个结果类似于 Mead 等（1980）文献中的值。尽管方程（3.25）是非线性的，但是方程

$$\rho \approx 0.71 p_{inv} + 2.82 \qquad\qquad (3.26)$$

在合理的反相器寄生延迟范围内，可以很好地拟合该方程。在大多数的例子中，都假设 $p_{inv} = 1.0$，所以 $\rho = 3.59$。

ρ 有时被称作最佳递升率，反映了用于驱动大电容负载的反相器串中连续反相器尺寸的比。图 3.4 展示了使用最佳递升率时获得的层级延迟。由方程（3.8）可知，层级延迟是势延迟与寄生延迟的和。

但实际的设计往往需要选取的递升率与 ρ 不同，因为设计中包含的层级数必须为整数。已知路径势 F，需要计算延迟最小时的层级数 $\hat{N}$，此时的层级延迟与

ρ 很接近。表 3.1 列出在已知路径势 F 及反相器的寄生延迟时，选取层级数 $\hat{N}$ 的办法。表 3.1 中路径势 $\hat{F}$ 的值满足 $\hat{N}(F^{1/\hat{N}} + p_{\text{inv}}) = (\hat{N}+1)(F^{1/(\hat{N}+1)} + p_{\text{inv}})$，此时最佳的 $\hat{N}$ 层级设计的延迟与最佳 $(\hat{N}+1)$ 层级设计几乎一样。

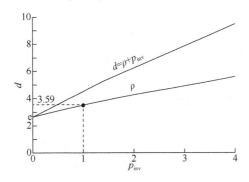

图 3.4　最佳层级势

表 3.1　不同路径势 F 下的最佳层级数 $\hat{N}$

$\hat{N}$	$p_{\text{inv}} = 0.0$	$p_{\text{inv}} = 0.6$	$p_{\text{inv}} = 0.8$	$p_{\text{inv}} = 1.0$
	0	0	0	0
1				
	4.0	5.13	5.48	5.83
2				
	11.4	17.7	20.0	22.3
3				
	31.6	59.4	70.4	82.2
4				
	86.7	196	245	300
5				
	237	647	848	1090
6				
	648	2130	2930	3920
7				
	1770	6980	10100	14200
8				
	4820	22900	34700	51000
9				
	13100	74900	120000	184000

当添加反相器时，有些设计并不会加速。例如，如果某电路路径势是 10，具有 3 个逻辑层级，那么相比于二层级的最佳形式，该电路拥有的层级过多。在这

个例子中，将逻辑的 3 个层级合并为 2 个可能会达到加速效果。

当 F 很大时，根据方程（3.20）和方程（3.21）可以推导出层级数和延迟的近似解。由 $F = \rho^{\hat{N}}$，可以得到

$$\hat{N} \approx \frac{\ln F}{\ln \rho} = \log_\rho F \qquad (3.27)$$

$$\hat{D} \approx \hat{N}\rho + \sum p_i \qquad (3.28)$$

当势增大时，层级延迟会接近 $\rho + p$。对于反相器链而言，这两个方程结合为

$$\hat{D} \approx \frac{\ln F}{\ln \rho}(\rho + p_{\text{inv}}) \qquad (3.29)$$

当层级势为 4 时，上式可约减为 $\hat{D} = \log_4 F$ 个 FO4 反相器延迟，此处一个 FO4 延迟为 5τ。下一节将会了解到，当层级势接近最佳效果时，延迟几乎与层级势无关，所以给定合理的层级势后，可用此延迟公式估算反相器链的延迟。不仅如此，这种方法可以很方便地估计任何拥有路径势 F 的电路延迟。拥有许多复杂门的路径将产生更高的寄生效应，但是势延迟通常起主导作用，所以此估算方法很有用处——仅仅计算路径势就可以快速比较不同的电路拓扑。最后，FO4 延迟是独立于工艺的一种表达延迟的方式，因为大多数设计者熟知所采用制程中 FO4 反相器的延迟，并且进而能够估计出如何缩放电路以适应此制程。

3.5 错误的层级数

一个有趣的问题：如果使用错误的层级数，那么一个适当优化的电路延迟会变得多糟？答案是，如图 3.5 所示，假设与优化值偏离不是太大的话，延迟对层级数不敏感。

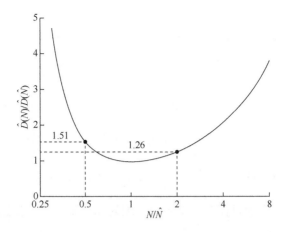

图 3.5　$p_{\text{inv}} = 1$ 时，相对于最佳延迟的延迟曲线，呈关于相对层级数错误 $N / \hat{N}$ 的函数

为了说明图像中的曲线，假设层级数以系数 s 出错，即错误层级数为 $\hat{N}$，此处 $\hat{N}$ 为最优层级数。那么延迟可以表示成关于 $\hat{N}$ 的函数：

$$D(N) = N(F^{1/N} + \rho) \tag{3.30}$$

这里假设每个层级的寄生延迟相同。令 γ 为 $s\hat{N}$ 层级设计与 $\hat{N}$ 层级设计下延迟的比值：

$$\gamma = \frac{D(s\hat{N})}{D(\hat{N})} \tag{3.31}$$

既然 $\hat{N}$ 是最佳值，则可知 $F = \rho^{\hat{N}}$。求解 γ 得到

$$\gamma = \frac{s(\rho^{1/s} + p)}{\rho + p} \tag{3.32}$$

这就是当 $p = 1$ 且 $\rho = 3.59$ 时，图 3.5 中曲线表达的关系。

就像图 3.5 中展示的，层级数在最优值的基础上翻倍，仅仅只增加了 26% 的延迟；使用优化值一半的层级数，增加了 51% 的延迟。不必盲目地坚持采用正确的层级数，有时轻微有出入，可能代价更低。假如使用的晶体管尺寸得当，在多层级设计中，多一两个或少一两个层级，对结果影响不大。只有在较少层级的设计中，修改一两个层级才会产生重大影响。

设计者经常面临权衡改变当前电路中层级数的利弊问题，所以能够快速计算层级势会具有潜在的益处。如果层级势在 2～8，设计的延迟偏差在最优延迟的 35% 以内。如果层级势在 2.4～6，延迟偏差就在最优延迟的 15% 以内。除非层级势非常大或者非常小，否则修改电路不会有太大的利处。对一个 CAD 系统来说，很容易计算每个门的层级势，并标注出合理范围外的改变。

以层级势为 4 作为目标会非常方便，因为 4 是平方数，根据它很容易心算出需要的层级数。对于介于 0.7～2.5 的 p_{inv}，层级势为 4 产生的延迟在最小值的 2% 以内。

最后一个避免过大的层级势的原因是，势过大的逻辑门其上升和下降时间过慢。在深亚微米工艺制程中，这样的门易受到"热电子"问题的影响，因为高能电子会被喷入门电路的氧化层，并逐渐改变晶体管的门限电压直到电路失败。最大的损害发生在 NMOS 晶体管的饱和态。当晶体管长时间地处于饱和状态后，输入上升和输出下降的速度会减慢，几年以后这些元件就会失效。设计者通常保持层级势在 8～12 以下来获得可接受的边沿速率，具体值依赖于工艺制程以及供电电压（Leblebici，1996）。

3.6 错误的门尺寸

另外一个有趣的问题：如果一些逻辑门使用了错误的尺寸，那么一个适当优化电路的延迟会变得多糟？比如，一个标准单元库中，可选的逻辑门尺寸是有限的，所以并不能总是恰好地选用到期望尺寸。

考虑某个层级中逻辑门的错误尺寸对反相器串的影响。图 3.6 所示电路中有一个值为 4 的最佳层级势，但是中间的反相器尺寸出错，所以其真实的势为 $4/s$，它前面位置实际的层级势为 $4s$。

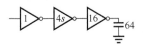

图 3.6　中间层级的逻辑门尺寸错误时的反相器串

图 3.7 绘制了关于 s 的逻辑门尺寸错误函数相对于最佳延迟反相器串的延迟曲线。此图表明 s 的值在 $0.5\sim2$ 变化时，实际延迟在最小值的 15%以内；s 的值在 $2/3\sim1.5$ 变化时，实际延迟在最小值的 5%以内。所以，设计者拥有很大的自由度去选择门尺寸，该尺寸可以不同于逻辑势的计算值。这就是为什么单元库仅包含有限的尺寸，也可以取得可接受性能的原因。

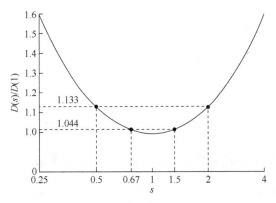

图 3.7　$p_{\text{inv}} = 1$ 时，相对于最佳延迟的延迟曲线，呈关于层级的尺寸错误 s 的函数

因为逻辑门尺寸的小偏差不会对整体延迟产生较大影响，所以设计者可以通过简便计算而得出一两种尺寸来节约时间（Sutherland，1991）。具有经验后，大多数的逻辑势都可以心算求得。

3.7 本 章 小 结

本章介绍了如前所述的逻辑势方法的主要结果，总结如下：

（1）单逻辑门的绝对延迟可以建模为

$$d = \tau(gh + p) \tag{3.33}$$

下一章将介绍在特定工艺制程下，估算和测量逻辑门的逻辑势、寄生延迟和度量 τ 的方法。

（2）当每个逻辑门承受相同的逻辑势时，整个路径有最小延迟。这项结论引出了沿着路径上的延迟方程

$$D = NF^{1/N} + \sum p_i \tag{3.34}$$

式中，F 为路径势。

（3）当每个层级承受相同势 ρ 时，沿着路径的延迟最小，ρ 由反相器的寄生延迟计算可得 [方程（3.25）和图 3.6]。对于任何路径势（表 3.1），这反过来又决定了最优的层级数。在实践中，层级势会稍微偏离 ρ，因为层级数 N 必须为整数。

（4）对于 ρ，最好的近似值是 4。在 2～8 的任意层级势都能得到合理的结果，值在 2.4～6 的任意值都能得到接近最佳的结果，所以不必太在意尺寸的选择，依然可以得到良好的设计。

（5）根据路径势 $\log_4 F$ 个 FO4 反相器延迟，可以估算路径的延迟。

3.8 习   题

[25] 3.1 请说明将晶体管建模成拉电流的方法，要求基本结果相同 [方程（3.8）～方程（3.12）]。

[30] 3.2　使用你最喜欢的 CMOS 工艺制程的参数，来估算 κ 和 τ 的值。

[30] 3.3　推广 3.3 节的结果，即对于一个层级数为 N 的路径，当所有层级承受相同的势时所产生的延迟最小。

[20] 3.4　特定工艺制程下生产芯片使用的光刻设备所支持的线宽分辨率，是精确缩放层级尺寸的一大障碍。假设工艺制程仅支持每种晶体管（N 型和 P 型）的 3 个独立线宽供你选择，你会选择什么？如何让所选择线宽的影响比其额定影响更大？

[15] 3.5　如果一个逻辑门串一定要增加长度，可以在逻辑门串的前面、后面或者中间增加额外的反相器。基于何种实际考虑，你会选择哪种位置？

第4章 逻辑势演算

　　逻辑势理论具有简洁性的原因在于每一种逻辑门都被赋予了数值——逻辑势，此数值描述了该逻辑门相对于参考反相器的驱动能力。逻辑势与逻辑门的实际尺寸无关，所以晶体管尺寸的详细计算可以延后，直到完成逻辑势的分析后再进行处理。

　　每个逻辑门有两个量化特征：逻辑势与寄生延迟。可以用 3 种方式确定这些参数：

　　（1）使用若干工艺制程参数，按照本章描述的方法，可以估算逻辑势与寄生延迟。这些结果对于大多数的设计工作而言已经足够精确。

（2）针对测试电路的模拟，可估算各种逻辑门的逻辑势与寄生延迟。这项技术将在第 5 章解释。

（3）流片测试实测（physically measure）逻辑势与寄生延迟。

在讨论逻辑势的计算方法之前，首先对逻辑势的不同定义及解释进行讨论。尽管在某种程度上，它们都是等价的，但是每一个定义都来自不同设计任务的不同的视角，会导致不同的直觉。

4.1　逻辑势的定义

逻辑势包含足够多的逻辑门拓扑结构信息——从逻辑门输出到电源和地线的晶体管网络——决定了逻辑门的延迟。下面是三条等价的逻辑势定义。

定义 4.1　逻辑门的逻辑势被定义为，相比同样输入电容的反相器，其输出电流变弱的程度。

任何特定拓扑结构的逻辑门，其输出电流的能力比拥有相同输入电容的反相器要弱。其原因既在于逻辑门拥有的晶体管肯定比反相器多，还在于为保持相等的输入电容，逻辑门晶体管必须变窄，此时传输的电流就会少于具有同样输入电容的反相器。如果逻辑门拓扑结构需要并行放置晶体管且并非所有的晶体管同时导通，从性能上来看，该逻辑门将不会拥有同等输入电容的反相器的电流传输能力。如果晶体管按照串行结构放置，整个逻辑门传输的电流也不可能与拥有相同输入电容的反相器一样多。因此，简单逻辑门无论采用何种拓扑结构，其传输电流的能力跟拥有相同输入电容的反相器相比都要差一些。逻辑势就是用来度量这类缺陷的指标。

定义 4.2   特定逻辑门的逻辑势被定义为其输入电容与传输相同输出电流的反相器的输入电容的比值。

这种等效定义在计算特殊拓扑结构的逻辑势时很有用。在计算逻辑门的逻辑势时，首先须为其挑选晶体管的尺寸，使其输出电流等于标准反相器的输出电流。然后测量每个输入端的输入电容，这种输入电容与标准反相器的输入电容的比值就是逻辑门输入端的逻辑势。粗略来说，逻辑门的逻辑势依赖于其流片工艺制程中的迁移率，其计算将在本章的后续内容详细介绍。

定义 4.3   逻辑门的逻辑势被定义为两个斜率的比值，第一个是逻辑门延迟关于扇出电流曲线的斜率，第二个为反相器延迟关于扇出电流曲线的斜率。

这个等效定义提供了一种测量任意特定逻辑门的逻辑势的简单方法，就是实测真实或者仿真电路各扇出的值再进一步计算。

4.2   输入端的分类

因为逻辑势将输入电容和输出驱动电流相关联，那么一个自然而然的问题出现了：对于一个拥有多个输入的逻辑门，当计算逻辑势时，需要考虑多少个输入端？根据输入端的分组（即簇），就能够定义多种逻辑势。每一类逻辑势都涉及计算这类逻辑势所必需的输入端簇：

（1）单逻辑势，该逻辑势表征单输入端对输出电路的影响效果，此时输入端簇就是单个输入端，前面章节只考虑了单逻辑势。

（2）簇逻辑势，一组相关的输入端构成簇。如选择器同时需要真值和补值作为选择信号，那么真值端和补值端就可以并为一组。在 CMOS 电路设计中，互补的成对端簇很常见，采用符号 s^* 代表一个包含真信号 s 和补码信号 $\bar{s}$ 的簇。输入端簇包括了簇中的所有输入端。

（3）全逻辑势，所有输入端的逻辑势都被计入。该类型包含了逻辑门的所有输入端。

术语和上下文语境共同决定所采用的逻辑势种类。当想要表达全逻辑势时，将使用形容词"全"。比如，"两输入与非门的全逻辑势"将统一考虑与非门的两个输入端的逻辑势，而"两输入与非门的逻辑势"则表示单逻辑势。

在前面的章节已经给出了单逻辑势的定义。类似于定义 4.2，输入簇 b 的逻辑势 g_b 为

$$g_b = \frac{C_b}{C_{\text{inv}}} = \frac{\sum_b C_i}{C_{\text{inv}}} \qquad (4.1)$$

式中，C_b 是输入簇 b 中所有端的输入电容的和；C_{inv} 是与所要计算逻辑势的逻辑门具有同样驱动能力的反相器的输入电容。

方程（4.1）直接将每个输入端簇的逻辑势相加求和，故而全逻辑势就是该逻辑门每个输入端的单逻辑势的和，簇逻辑势就是端簇中所有单逻辑势的和。所以逻辑门存在一个确定的全逻辑势，根据各输入对此逻辑门输入电容的贡献，将全逻辑势分配到各个输入端。

4.3 逻辑势的计算

定义 4.2 提供了一种简便计算逻辑门的势的方法，此方法要求设计出一个与参考反相器有相同的电流驱动特性的逻辑门，计算每个端的输入电容，再应用方程（4.1）求得逻辑势。

　　因为逻辑势反映出电容的比值，所以电容度量的单位可以任意地选择，这样可以简化烦琐的计算过程。假设所有的晶体管长度都设置为最小值，此时晶体管的尺寸规格就完全由其宽度 w 决定。晶体管栅极的电容与 w 成比例，并且其产生输出电流的能力，或电导率也与 w 成比例。在大多数 CMOS 工艺制程中，当电导率相等时，上拉晶体管的宽度要宽于下拉晶体管的宽度。令 $\mu = \mu_n / \mu_p$ 是相等电导率的反相器中 PMOS 宽度与 NMOS 宽度的比。因为电路设计者经常背离这个理想比，所以使用另外的符号 γ 代表反相器中的 PMOS 宽度与 NMOS 宽度的实际比。为了简单起见，常假设 $\gamma = \mu = 2$。

　　在这个假设下，反相器将拥有宽度为 w 的下拉晶体管和一个宽度为 $2w$ 的上拉晶体管，如图 4.1（a）所示，其整体的输入电容为 $3w$。本章也介绍了将逻辑势表达为关于 γ 的函数的形式。在第 7 章将介绍取 $\gamma \neq \mu$ 的优点。

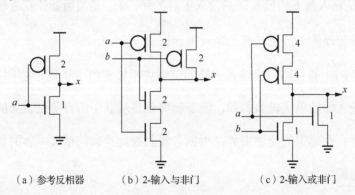

(a) 参考反相器　　　　（b）2-输入与非门　　　　（c）2-输入或非门

图 4.1　简单逻辑门

　　让我们来设计一个两输入的与非门，使其驱动能力与下拉晶体管宽度为 1 且上拉晶体管宽度为 2 的反相器相同。图 4.1（b）给出了这种与非门。因为与非门的两个下拉晶体管是串联的，故每个晶体管必须拥有反相器的下拉晶体管双倍的电导率，这样串联的电导率才等于反相器中下拉晶体管的值，所以这些晶体管的宽度是反相器下拉晶体管的 2 倍。这个推理假设串联的晶体管服从串联电阻的欧姆定律。对比之下，每个并列上拉晶体管只需和反相器的上拉晶体管一样大就可以得到跟参考反相器同样的驱动能力。如果这种与非门的任何一个输入为低，那么其输出必须为高，所以即使只有一个上拉晶体管导通，与非门的输出驱动也必须跟反相器的相匹配。

根据图 4.1（b）所示电路原理图中与非门的电容，可计算逻辑势。一个输入端的输入电容是上拉晶体管宽度与下拉晶体管宽度的总和，即 $2+2=4$。拥有相同输出驱动的反相器的输入电容 $C_{\text{inv}} = 1 + 2 = 3$。根据方程（4.1），两输入与非门的每个输入逻辑势为 $g = 4/3$，两输入与非门的两个输入有相同的逻辑势。4.4 节会考虑拓扑非对称的逻辑门，它们的每个输入自然拥有不同的逻辑势。第 6 章将进一步研究偏向输入，并牺牲另一个输入的非对称门的逻辑势。

在图 4.1（c）中用类似方法设计或非门。为了得到与反相器相同的下拉驱动，下拉晶体管只需要具有 1 个单位的宽度。若想获得相同的上拉驱动，晶体管则需要 4 个单位的宽度，其原因在于两个串联晶体管宽度必须等于反相器中 2 个单位宽度的单晶体管。将输入电容加起来放在一个输入端，会发现或非门的逻辑势为 $g = 5/3$，比与非门的逻辑势大，这是因为上拉晶体管产生输出电流的效率要弱于下拉晶体管。在 $\gamma = 1$ 时两种类型的晶体管具有相似性，与非门和或非门的逻辑势都为 1.5。

在本书中进行尺寸计算时都会计算逻辑门的输入电容。该电容分布在门中晶体管的比例，与逻辑势的分布相同。图 4.2 展示了一个反相器、与非门和或非门，其每个输入电容宽度都等于 60 个单位的晶体管。

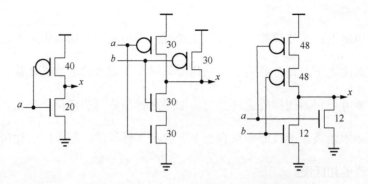

图 4.2　输入电容为 60 个单位晶体管组成的简单逻辑门

逻辑门设计完成后,会与参考反相器产生同样的输出驱动,可以将这种 CMOS 晶体管视为一个纯电阻。如果晶体管截止,则电阻没有电导率;如果晶体管导通,那么其就有与其宽度成比例的电导率。整个晶体管网络的电导率,可以根据串联与并联的(晶体管的)电阻网络的电导率计算方法求解。尽管只是一个近似模型,也已经足够刻画逻辑门特征,来设计快速的晶体管网络结构。更精确的逻辑势值可以通过仿真和测量测试电路得到,将在第 5 章讨论介绍。

逻辑势模型的一个重要局限是:不能解释速率饱和。载流子的速率,即通过晶体管的电流,通常跟穿过通道的电场成线性比例。当电场达到临界值时,载流子速率饱和,不再随着场强度的增加而增加。穿过一个晶体管的电场与 V_{DD}/L(V_{DD} 为高电压,L 为晶体管宽度)成正比。在深亚微米工艺过程中,V_{DD} 通常都与 L 同比例,此时反相器中的 NMOS 晶体管处于速率饱和边界。PMOS 晶体管拥有更低的迁移率,所以不容易达到速率饱和。同样的,NMOS 晶体管串联后,穿过每个晶体管的电场更低,所以饱和速率更低。速率饱和会提高 NMOS 晶体管的有效电阻,但是比起单个晶体管,其对串联晶体管的影响更小。需要记住的重要结论是,逻辑势标准化成了具有单个晶体管的参考反相器的电阻,故包含串联 NMOS 晶体管的复杂逻辑门的逻辑势比模型预测值要低一些。

4.4　非对称逻辑门

跟与非门和或非门不同，不是所有逻辑门的输入端的单逻辑势都相等。相同的单逻辑势蕴含了迄今所研究的逻辑门的对称性。本节将分析不同输入端，其逻辑势也不同的情况。

图 4.3 给出了具有非对称格局的与-或-非门的一种形式。门中晶体管的宽度被设置成与图 4.1（a）中的参考反相器匹配：其下拉结构与宽度为 1 的单下拉晶体管相同，其上拉结构与宽度为 2 的单上拉晶体管相同，根据方程（4.1），该门的全逻辑势为 17/3。

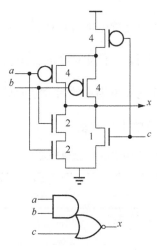

图 4.3　非对称的与-或-非门

现在来计算与-或-非门的单个输入的逻辑势。输入端 a 和 b 的单逻辑势为 $6/3 = 2$，非对称输入端 c 的逻辑势为 $5/3$。输入端 c 的逻辑势比其他输入端稍微低些，反映出 c 具有更小的电容负载，比其他两个输入端"更容易被驱动"。

输入端逻辑势的非对称性以不同的方式体现。与-或-非门的非对称拓扑结构导致输入端具有互不相等的逻辑势。至于拓扑对称的逻辑门，如与非门和或非门，也可以通过改变晶体管的尺寸来变得非对称，这样就能够减少一些输入端的逻辑势，进而减少网络中关键路径的逻辑势。其他的门，如异或门，将在 4.5.4 节讨论，它们既有对称也有非对称的形式。第 6 章将详细介绍非对称门的特殊设计。

4.5 逻辑门的分类

本章所介绍的逻辑势计算方法见表 4.1，这个表汇总了常见逻辑门的逻辑势计算方法。相对于第 1 章而言，这里的方法在两个方面有所提高。首先，将逻辑门的表达式输入进行参数化改造，支持任意输入个数 n。其次，使用参数表达 P 型和 N 型晶体管宽度的比值，从而支持用多种 CMOS 制程下的门电路的逻辑势计算。鉴于图 4.1 中参考反相器的上拉与下拉宽度的比值为 2∶1，本节全部使用比值 2∶1。每个逻辑门将具有一个与宽度为 1 的 N 型晶体管等价的下拉驱动，以及一个与宽度为 γ 的 P 型晶体管等价的上拉驱动。

表 4.1 逻辑门的逻辑势计算方法汇总表

逻辑门类型	逻辑势	公式	$n=2$ $\gamma=2$	$n=3$ $\gamma=2$	$n=4$ $\gamma=2$
与非门	全	$\dfrac{n(n+\gamma)}{1+\gamma}$	8/3	5	8
	单	$\dfrac{n+\gamma}{1+\gamma}$	4/3	5/3	2
或非门	全	$\dfrac{n(1+n\gamma)}{1+\gamma}$	10/3	7	12
	单	$\dfrac{1+n\gamma}{1+\gamma}$	5/3	7/3	3
选择器	全	$4n$	8	12	16
	d, s^{*}	2,2	2,2	2,2	2,2

续表

逻辑门类型	逻辑势	公式	$n=2$ $\gamma=2$	$n=3$ $\gamma=2$	$n=4$ $\gamma=2$
异或、同或	全	$n^2 2^{n-1}$	8	36	128
（对称型）	簇	$n 2^{n-1}$	4	12	32
异或、同或	全		8	24	48
（非对称型）	簇		4,4	6,12,6	8,16,16,8
多数表决器	全			12	
（对称型）	单			4	
多数表决器	全			10	
（非对称型）	单			4,4,2	
C 单元	全	n^2	4	9	16
	单	n	2	3	4
锁存器	全	4			
（非对称型）	d,ϕ^*	2,2			
上界	全	$\dfrac{\gamma n^2 2^n}{1+\gamma}$	32/3	48	512/3
	簇	$\dfrac{\gamma n 2^n}{1+\gamma}$	16/3	16	128/3

4.5.1　与非门

与参考反相器拥有相同输出驱动的 n-输入与非门，有一组串联的宽度为 n 的下拉晶体管，还有一组并联的宽度为 γ 的上拉晶体管。根据方程（4.1），其全逻辑势为

$$g_{\text{tot}} = \frac{n(n+\gamma)}{1+\gamma} \tag{4.2}$$

单逻辑势的值仅仅为全逻辑势的 $1/n$，这是因为输入电容被均匀地分配在 n 个输入端之间。

表 4.1 包含逻辑势的表达式以及几种常见情况的计算方式：$\gamma = 2$，$n = 2$、3 和 4。从表 4.1 中与非门的全逻辑势和单逻辑势计算公式中发现，γ 大幅度改变时，逻辑势仅会轻微地变化：在 $n = 2$ 的情况下，当 γ 从 1 变化到 3，全逻辑势从 3 变化到 2.5。

4.5.2 或非门

由宽度为 1 的并联下拉晶体管和宽度为 $n\gamma$ 的串联上拉晶体管，构成了 n 输入端的或非门。其全逻辑势为

$$g_{\text{tot}} = \frac{n(1+n\gamma)}{1+\gamma} \tag{4.3}$$

同样的，其单逻辑势的值仅为 $\frac{1+ny}{1+y}$。表 4.1 已列出求解或非门的逻辑势的方法，对于 $\gamma>1$ 的 CMOS 工艺制程，或非门的逻辑势大于与非门的逻辑势。如果 CMOS 的工艺制程是完全对称的，则可以选择 $\gamma=1$，此时或非门的逻辑势就等于与非门的逻辑势。

4.5.3 选择器和三态反相器

n 路选择器设计如图 4.4 所示，有 n 个数据输入端 $d_1,\cdots,d_n$ 和对应的 n 个互补的选择簇 $s_1^*,\cdots,s_n^*$。每个数据输入端驱动由 4 个晶体管组成的选择簇，选择簇反过来又驱动输出端 c。也就是说，只有选择簇 s_i^* 被驱动为真值，电流才能够在关联 d_i 的选择簇的上拉或下拉结构中导通，从而选择输入端 i。

选择器的全逻辑势为 $n(4+4\gamma)/(1+\gamma)=4n$。每个数据输入端的单逻辑势为 $(2+2\gamma)/(1+\gamma)=2$，每个选择的簇逻辑势也为 2。需要注意的是，选择器单逻辑势与输入端的个数无关。虽然这个特性意味着可以设计大而快的选择器，但是大选择器的寄生电容会限制选择规模的增长，此问题将在第 11 章分析。除此之外，

选择器输入端的增加会增大选择电路的逻辑势。

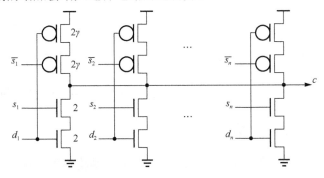

图 4.4 n 路选择器（每个输入组包含一个数据输入 d_i 和选择簇 s_i^*）

单独的选择簇有时被称作三态反相器（tristate inverter）。当选择器沿着总线分布时，单个选择簇就像三态反相器一样独立出现。需要注意的是，输入 s 和 $\bar{s}$ 的逻辑势可能不同。

4.5.4 异或门、同或门和奇偶校验门

图 4.5 展示了按簇分类输入的异或门，输入为 a^* 和 b^*，输出端为 c。这个门有两种输入簇：a^*簇含有互补的端对 a 和 $\bar{a}$，b^*簇含有互补 b 和 $\bar{b}$，全逻辑势为 $(8+8\gamma)/(1+\gamma)=8$，单逻辑势仅仅占总数的 1/4，即为 2。单个簇逻辑势正好是该簇中两个输入的单逻辑势的和。

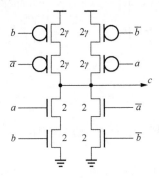

图 4.5 2-输入异或门（输入簇为 a^* 和 b^*，输出为 c）

图 4.5 中的结构可以推广到 n 输入的奇偶校验计算，图 4.6（a）展示了 3-输入异或门。n 输入门会有 2^{n-1} 个下拉链，每条链由 n 个晶体管串联构成，单个晶体管的宽度为 $n\gamma$；除此之外，还有 2^{n-1} 个上拉链，每条链也包含 n 个串联的晶体管，其宽度为 n。故而，其全逻辑势为 $\dfrac{2^{n-1}n(n+n\gamma)}{1+\gamma}=n^2 2^{n-1}$，单逻辑势为此值的 $1/(2n)$，即 $n2^{n-2}$。簇逻辑势为全逻辑势的 $1/n$，即 $n2^{n-1}$。

若 $n=3$ 或者更大，那么图 4.6（a）所示的对称结构将无法获得最小逻辑势。图 4.6（b）给出一种从独立的上拉链与下拉链中，共享若干晶体管以减小逻辑势的方法。重复上述计算可得全逻辑势为 24，相比于图 4.6（a）中的对称结构的逻辑势 36，这个值已大为减小。在非对称设计中，a^* 与 c^* 的簇逻辑势为 6；而 b^* 的簇逻辑势为 12，与对称结构中的值相同，其原因是连接到 b 与 $\bar{b}$ 的晶体管在非对称门中并不共享。

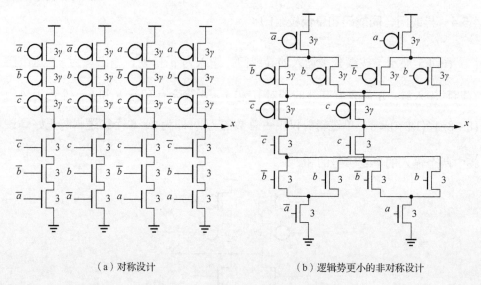

（a）对称设计   （b）逻辑势更小的非对称设计

图 4.6　两种 3-输入奇偶校验门

把异或门和奇偶校验门电路稍做修改，互换 a 与 $\bar{a}$ 的连接，就能够产生符合同或门函数的输出。需要注意的是，这种变换不会改变其逻辑势的计算。

4.5.5　多数表决门

图 4.7 展示了两种反相 3-输入多数表决门的设计，当两个或者更多的输入端为高电平时，其输出端为低电平。图 4.7（a）给出的是对称设计，全逻辑势为 $(12+12\gamma)/(1+\gamma)=12$，都规则地分布在输入端，单逻辑势为 4。图 4.7（b）给出了非对称设计，采用了如图 4.6（b）中异或门共享晶体管的设计方式。此设计的全逻辑势为 10，在输入端中呈不规则分布。输入端 a 的逻辑势为 2，输入端 b 和 c 的逻辑势都为 4。

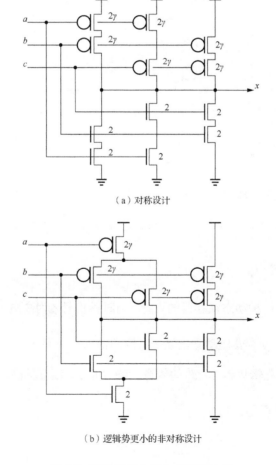

（a）对称设计

（b）逻辑势更小的非对称设计

图 4.7　两种反相 3-输入多数表决门

4.5.6 加法器进位链

图 4.8 给出了加法器中行波进位链的一个层级,这段电路的输入进位记为 C_{in},输出进位记为反相形式 $\overline{C}_{\mathrm{out}}$,输入 g 和 $\overline{k}$ 由此层级相关的两位加数分量计算得出。如果该层级产生新的进位,则 g 为高,即 $\overline{C}_{\mathrm{out}}=0$。同样的,如果该层级消除进位,则 $\overline{k}$ 为低,即 $\overline{C}_{\mathrm{out}}=1$。

该门的全逻辑势为 $(5+5\gamma)/(1+\gamma)=5$,C_{in} 端的单逻辑势为 2;输入端 g 的单逻辑势为 $(1+2\gamma)/(1+\gamma)$;而输入端 $\overline{k}$ 的单逻辑势为 $(2+\gamma)/(1+\gamma)$。

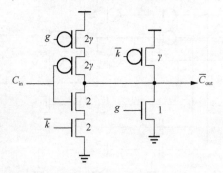

图 4.8   进位传播电路(进位从 C_{in} 端进入,从 $\overline{C}_{\mathrm{out}}$ 端离开)

本层级产生进位则输入端 g 为高,如果本层级不产生进位,则输入端 $\overline{k}$ 为低

4.5.7 动态锁存器

图 4.9 给出了一种动态锁存器的设计,当时钟信号 ϕ 为高电平,同时其补 $\overline{\phi}$ 为低电平的情况下,锁存器驱动输出端 q,值为输入端 d 的补值。锁存器的全逻辑势为 4,端 d 的单逻辑势为 2,ϕ^{*} 的簇逻辑势也是 2。锁存器静态稳定时,逻辑势只会稍微增加(见习题 4.1)。

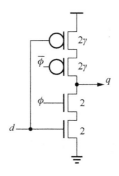

图 4.9　动态锁存器（输入端为 d，输出端为 q，时钟簇为 ϕ^*）

4.5.8　动态穆勒 C 单元

图 4.10 展示了 2-输入反相动态穆勒 C 单元。虽然这种门电路在同步系统的设计中极少使用，但它是异步系统设计的一种基本通信控制电路。该门的行为如下：当两个输入端都是高电平时，那么输出端为低电平；两个输入端都是低电平时，那么输出端为高电平；当输入端不同时，输出端保持原值——C 单元的保持态。该门的全逻辑势为 4，被均匀地分配到两个输入端。

n-输入 C 单元的设计也很直接，只需要将 n 个串联的晶体管做成上拉链与下拉链，下拉晶体管的宽度为 n，上拉晶体管的宽度为 $n\gamma$。全逻辑势为 $n(n+n\gamma)/(1+\gamma)=n^2$，单逻辑势为 n。

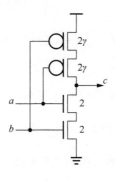

图 4.10　2-输入反相动态穆勒 C 单元（输入端 a 和 b，输出端 c）

4.5.9 逻辑势的上界

很容易确定 n-输入逻辑门的逻辑势的上界。对于任何真值表，可以建立一个含有 2^n 个簇的门，其中每个簇由 n 个晶体管串联而成，每个晶体管接受不同输入的真值和补值。真值表中所有输入导致的低电平输出对应的晶体管网络，包含了全部都是 N 型的下拉串联晶体管，以及串联的地线和逻辑门的输出。输入到达晶体管网络的栅极，并且满足真值表的输入条件时，串联晶体管导通电流。真值表中所有输入导致的高电平输出对应的晶体管网络，包含了全部都是 P 型的上拉串联晶体管，以及串联的电源和逻辑门的输出。此时，晶体管网络接收相应输入的补值。门的输出驱动需等于参考反相器，N 型晶体管的宽度必须为 n，P 型晶体管的宽度必须为 $n\gamma$。为了计算最差情况下的逻辑势，假设 $\gamma \geqslant 1$，输入端只与 P 型晶体管相连，此时 P 型晶体管比 N 型晶体管大，可以提供更多负载，此时最差的情况下的输入电容为 $\gamma n^2 2^n$，最差时逻辑势为 $\gamma n^2 2^n / (1+\gamma)$。

此结论说明最差情况下逻辑门的逻辑势随输入端的个数呈指数增长，可通过前述的共享晶体管方式减少逻辑门中的晶体管数量来改善这种情况。

4.6 估算寄生延迟

寄生电容的估算方法不像逻辑势的计算那么简单。寄生电容的主要来源是与输出端相连的晶体管的扩散区电容。这个区域的电容既依赖于其面积和周长，也依赖于版图几何布局和工艺参数。但可以粗略地计算此区域的电容值，即宽度为 w 的晶体管，其源极具有的扩散区电容为 wC_d，其漏极关联的扩散区电容值也类似。常数 C_d 是由制程工艺和版图布局决定的。

使用此模型可以计算反相器的寄生延迟，它的输出端连接到两个扩散区：一个与宽度为 1 的下拉晶体管相连，电容为 C_d；另一个与宽度为 γ 的上拉晶体管相连，电容为 γC_d。反相器的输入电容与晶体管宽度成正比，但是对应的晶体管网络（transistor gate）电容的比例特性系数不同，所以其输入电容为 $(1+\gamma)C_g$。寄生延迟是反相器中寄生电容与输入电容的比值，刚好是 $p_{\text{inv}} = C_d / C_g$。这两个比例常数由版图几何布局与工艺制程参数确定。采用标准值 $p_{\text{inv}} = 1.0$ 代表反相器设计。这个量也可以由测试电路测出，如 5.1 节中所述。

同前面一样，用参考反相器为参数以估算逻辑门的寄生延迟。该延迟将大于反相器的延迟，其比率为连接到输出端的扩散区的总宽度与相应的反相器的宽度之比。假设逻辑门的设计与反相器具有相同的输出驱动，那么

$$p = \left(\frac{\sum w_d}{1+\gamma}\right) p_{\text{inv}} \tag{4.4}$$

式中，w_d 是连接至逻辑门输出端的晶体管的宽度。为了上述估算方法能够简单可行，假设这些晶体管在逻辑门中的版图布局类似于反相器。需要注意的是，这个估算忽略了逻辑门中其他的寄生电容，比如来自连线以及位于串联晶体管之间扩散区的电容。

这个近似值可以应用到 n-输入与非门中，该门有一个宽度为 n 的下拉晶体管和 n 个宽度为 γ 的上拉晶体管连接至输出端，所以 $p = np_{\text{inv}}$。一个 n-输入或非门同样也是 $p = np_{\text{inv}}$。n 路选择器有一个宽度为 2 的下拉晶体管，n 个宽度为 2γ 的上拉晶体管，所以 $p = 2np_{\text{inv}}$。表 4.2 总结了多种逻辑门的寄生延迟估算值。

表 4.2 多种逻辑门的寄生延迟估算值表

逻辑门类型	公式	$p_{inv}=1.0$ 时的寄生延迟			
		$n=1$	$n=2$	$n=3$	$n=4$
与非门	np_{inv}		2	3	4
或非门	np_{inv}		2	3	4
选择器	$2np_{inv}$		4	6	8
异或门、同或门	$n2^{n-1}p_{inv}$		4	12	
表决器	$6p_{inv}$			6	
C 单元	np_{inv}		2	3	4
锁存器	$2p_{inv}$	2			

当然了，这种对寄生延迟的估算有严重的局限性，因为它假设了延迟与输入端的个数呈线性关系。事实上，由于内部扩散电容和栅极-源极电容的缘故，扩散区串联堆叠的晶体管的寄生延迟以堆叠高度的二次方来增长。Elmore 延迟模型（Weste，1993）用于处理分布式 RC 网络，指出数量大于 4 的串联晶体管的堆叠，最好分成多级短堆叠。其原因是寄生电容强烈依赖于几何布局，所以获取寄生延迟的最好办法就是用提取的版图数据进行电路模拟。值得庆幸的是，使用层级势来选择门的尺寸规格时，不需要考虑寄生延迟。综上所述，运用逻辑势的方法去寻找最好的晶体管尺寸规格时，并不需要先确定精确的寄生延迟。

4.7 逻辑势的性质

逻辑门的逻辑势的计算过程是直观的：

（1）设计一个逻辑门，挑选晶体管的尺寸规格使其具备同参考反相器一样的电流输出驱动能力。

（2）对具体的输入端来说，单逻辑势是此输入端电容与参考反相器全部输入电容的比值。

（3）门的全逻辑势是所有输入端的单逻辑势的和。

表 4.1 已列出若干有趣性质，可以看出电路拓扑结构对逻辑势的影响比制造工艺的影响更明显。对于 $\gamma = 2$ 的 CMOS 电路，两输入的与非门和或非门的全逻辑势近似但不等于 3。如果 CMOS 是完全对称的 $\gamma = 1$，则与非门和或非门的全逻辑势都为 3；实际 CMOS 工艺中，与非门的非对称性要超过或非门。

相对于逻辑势对 γ 的弱依赖性，逻辑门的逻辑势强依赖于输入端的数量。例如，对于 n-输入与非门，其单逻辑势为 $(n + \gamma) / (1 + \gamma)$，随 n 的增大而显著增长。额外的输入端会使每个在输入端已有的逻辑势增大，所以与非门的全逻辑势公式包含了一项，此项使得全逻辑势随着输入端数目呈平方增长；并且在最坏的情况下，逻辑势随输入端数目的增长呈指数增长。当多个输入端必须组合到一起时，设计者需要仔细选择是采用较多输入的单层级逻辑门，还是较少输入的多层级树构成的逻辑门。意外的是，有一种逻辑门，比如选择器，它的逻辑势并不呈超线性增长，此性质对高扇入的选择非常有效，细节将在第 11 章详细分析。

逻辑门的逻辑势的值域范围很宽：2-输入异或门，其全逻辑势为 8，这跟与非门及或非门值为 3 的逻辑势相比，已经非常大了。异或电路的设计布局也很凌乱，因为其晶体管的栅极交错连接。那么，大逻辑势值与版图设计难度是否在某种基础上相关？此外，鉴于其他大部分的逻辑函数的输出仅仅对输入的特定变动而改变，异或门的输出端根据每个输入端的变动而改变，那么大逻辑势值与这种性质有关吗？

本章列出的逻辑门的设计并未穷尽所有的可能。第 6 章研究某一类特殊的逻辑门，减少这种门的特定输入端的逻辑势，可以降低（此逻辑门的晶体管）网络中的特殊路径的总体延迟。第 7 章研究逻辑门上升和下降延迟的不同设计，以节省 CMOS 面积，以及可以使用比率化的逻辑势方法分析 NMOS 设计。

4.8 习　题

[20] 4.1 修改图 4.9 中的锁存器，使其输出端变成静态稳定的，即使在时钟端为低电平的时候也保持此性质。此时晶体管尺寸应该有多大？新电路的逻辑势是多少？

[20] 4.2 与习题 4.1 相似，修改动态的 C 单元使其输出端为静态。晶体管应该有多大？新电路的逻辑势是多少？

[20] 4.3 图 4.11 给出了另一种构造静态穆勒 C 单元的方法，相关的晶体管的规格应该如何选取？门的逻辑势为多大？

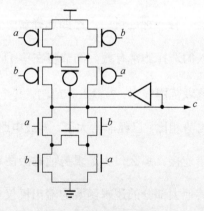

图 4.11　静态穆勒 C 单元

[20] 4.4 图 4.8 给出了一种进位传播单元，此设计可以翻转进位。这种设计包含

一个层级，此层级中的电路接受进位的补值并生成真正的进位来输出。请设计这种电路，并计算单逻辑势。

[10] 4.5　在许多 CMOS 工艺制程中，上拉电导率与下拉电导率的比值 γ 都比 2 大。那么在 2-输入或非门的逻辑势达到 2-输入与非门的 2 倍前，γ 应该多大？

[20] 4.6　图 4.1 中的反相器中晶体管的尺寸规格被设定为 $\gamma = \mu$，此时保证了上升与下降延迟相等。放松这个限制，将 γ 作为以 μ 为自变量的函数，求贯穿两个反相器对的延迟最小时 γ 的值。

[20] 4.7　比较如图 4.12 所示二层级异或门与图 4.5 中单层级异或门的逻辑势。说明什么情况下哪种设计更合适？

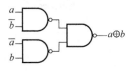

图 4.12　二层级异或门

[25] 4.8　图 4.13 展示了反相总线的驱动器，它能实现三态反相器总线相同的效果。假设已知延迟最小时与非门和或非门的尺寸比值已知，比较两种电路的逻辑势，并说明什么情况下哪种更合适？

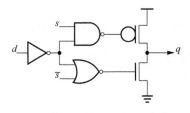

图 4.13　反相总线驱动电路（其功能等价于三态反相器）

[25] 4.9　使用模拟器寻找特定工艺制程的栅极电容和扩散电容，利用这些值，估算 p_{inv}。

第5章 模型校准

　　类似于前面几章的描述，可以用简单的晶体管模型来计算逻辑门的逻辑势和寄生延迟，同时也可以测量合适的测试电路以获取精确值。本章将详细介绍设计并测量这种电路以取得上述两个参数的值。想略过本章的读者可以直接参阅表 5.1，表中总结了一组测试电路的特性。

5.1　校准技术

　　校准过程中，逻辑门的延迟被视为负载（即电气势）的函数，（调整电路）使测量结果拟合坐标图上对应的斜线。图 5.1 描绘了反相器设计的模拟数据。由于反相器的逻辑势为 1，所以由方程（3.8）可知，其延迟为 $d = \tau(h + p_{\text{inv}})$。因此，图中斜线的斜率等于 τ，在 $h=0$ 处与纵轴交于点 $d=\tau p_{\text{inv}}$ 处。可见，实测点斜率值为 $\tau=43\text{ps}$ 和 $p_{\text{inv}}=46\text{ps}$。

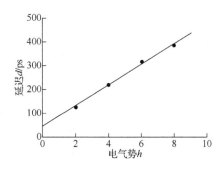

图 5.1　0.6μm 和 3.3V 制程时，多种负载条件下反相器的模拟延迟

　　测量的方式与逻辑势方法下线性延迟模型的验证是不同的。虽然只取两组数据就已经获得 τ 和 p_{inv} 的值，但更多数据会增加结果的准确性，也会增强对线性模型的信心。图中不同的四组电气势的数据点，已经很好地拟合了对应的斜线。

　　与之类似，图 5.2 描绘了 2-输入与非门的数据集，其斜线满足方程 $d=\tau\left(g_{\text{2nand}}h+p_{\text{2nand}}\right)$，其中的 τ 由反相器特性决定。依据图 5.1 计算出的 τ，图 5.2 的纵坐标描述了以 τ 为单位的延迟，拟合斜线的斜率就是与非门的逻辑势，其截距就是寄生延迟。采用相似的模拟方法可以校准所有种类的逻辑门，部分校准结果已在表 5.1 中给出。

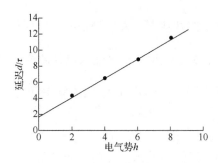

图 5.2　0.6μm 和 3.3V 制程时，不同负载条件下 2-输入与非门的模拟延迟

表 5.1   0.6μm 和 3.3V 制程下，$\gamma = 2$ 时，根据 $\tau = 43$ps 模拟的

多种逻辑门的逻辑势和寄生延迟

逻辑门类型	输入个数	逻辑势		寄生延迟	
		模拟值	模型值（表 4.2）	模拟值	模型值（表 4.2）
反相器	1	1.00（定义值）	1.00（定义值）	1.08	1.00
与非门	2	1.18	1.33	1.36	2.00
	3	1.40	1.67	2.12	3.00
	4	1.66	2.00	2.39	4.00
或非门	2	1.58	1.66	1.98	2.00
	3	2.18	2.33	3.02	3.00
	4	2.81	3.00	3.95	4.00

注意到，或非门的逻辑势很好地拟合了校准模型，但是与非门却稍低于预测值。这个现象可以用 4.3 节中讨论过的速率饱和原理加以解释。

寄生延迟取决于版图和输入的变化顺序，这些影响将在本章的后续内容讨论。

图 5.1、图 5.2 和表 5.1 中的数据都是通过模拟实验测得的。这些特性描述可以到本书网页上查看，本章剩余内容将详细讨论这些特征。

5.2   设计测试电路

设计一个好的校准电路往往会比人们最初的设想更加巧妙。第一步可以尝试设计电容驱动的逻辑门，分层级调整信号输入以使测量到的输入延迟超过 50%。这种电路存在两个大问题：既无法反映输入的斜率和延迟的相关性，又忽略了 MOS 电容的非线性特性。

图 5.3 给出了一种更好的 2-输入与非门校准电路，此电路分为四个层级：前两个稳定了输入的斜率，第三个包含待校准的逻辑门，最后一个提供逻辑门的负

载。每一层级都包括一个主逻辑门（a）、一个负载逻辑门（b）和一个辅助负载（load
the load）（c）。

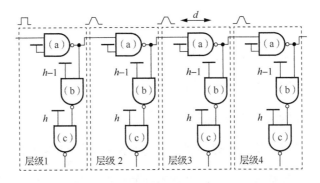

图 5.3　一个 2-输入与非门的校验测试电路

由于栅极-漏极电容重叠，逻辑门（c）是必不可少的，如果它被移除，逻辑
门（b）的输出将变化得十分迅速。根据米勒效应，逻辑门（b）的有效输入电容
会增加。模拟结果表明，这会导致 FO4 反相器的延迟超过估计值约 8%。

5.2.1　上升、下降和平均延迟

逻辑门的上升延迟和下降延迟大多是有差异的，应该使用哪一种呢？在 7.1 节
将看到，只考虑逻辑门的平均延迟，就足以将路径的延迟降到最小，因此通常将
逻辑门上升转换到下降的平均延迟值，定义为逻辑势和寄生延迟。

在电路分析时，有时将上升延迟和下降延迟分开考虑也会十分有用的。同平
均延迟一样，通过曲线拟合的方式也能获取上升和下降转换的逻辑势和寄生延迟，
最终结果需要规格化为反相器的平均延迟。

5.2.2　输入选择

采用逻辑门，而不是反相器来设计测试电路时，需要考虑选择哪个输入作为
电路中传播的信号。第 4 章中逻辑势的估算假定，当晶体管并联且仅有一个导通

时，或者串联的所有晶体管同时导通时，每个晶体管的电阻为 R。但在真实情况下，电路往往在最后的输入信号到达前，所有其他输入信号都会稳定。这就导致了串联晶体管产生的有效电阻下降，因为在较迟的输入到达之前，较早输入的晶体管已经完全导通了，也就产生了更多的电流。当然，这也会影响寄生延迟，因为内部节点在最迟的输入到来之前就可能已经被充电或者放电了。到底选择逻辑门的哪一个输入作为较迟的输入呢？这些输入区别显著，所以得为每一个输入分析逻辑势和寄生延迟。这里需要强调，未用的输入端一定要接线，这样逻辑门的输出才可以被单个的输入所控制：没有用到的与非门的输入接高电平，没有用到的或非门的输入接低电平。

　　表 5.2 列出了选择不同的输入信号时逻辑势和寄生延迟的变化。每种输入信号拥有一个数字标号，记录了此信号到逻辑门的输出点之间晶体管的最大数目，如图 5.4 所示。信号 0 连接着两个晶体管，其漏极直接与输出点相连。信号 1 也连接着两个晶体管，一个连接输出点，另一个远离输出点。这种编号模式对或非门和与非门都同样适用。信号 0 称为最内信号，信号 $n-1$ 称为最外信号。

表 5.2　选用不同的输入信号时与非门逻辑势和寄生延迟的变化

输入端个数	输入端编号	逻辑势	寄生延迟
2	0	1.18	1.36
	1	1.11	1.89
3	0	1.40	2.12
	1	1.32	3.06
	2	1.28	3.64
4	0	1.66	2.39
	1	1.58	3.89
	2	1.49	5.04
	3	1.48	5.59

注：表中数据在 0.6μm 和 3.3V 的实验条件下获得。

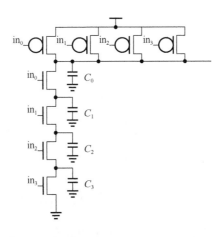

图 5.4　4-输入与非门的输入寄生电容

正如表 5.2 所示，逻辑门的寄生延迟随着输入信号的选择而显著变化。当与非门的输入信号 0 上升，其他所有的 NMOS 晶体管都已导通且扩散电容 $C_1 \sim C_3$ 对地放电时，因为只有位于输出点处的扩散电容 C_0 必须改变，逻辑门寄生延迟很短。另外，当靠外的输入（例如一个 4-输入与非门的输入信号 3）最后上升，刚开始所有的扩散电容 $C_0 \sim C_3$ 都会开始从邻近的 V_{DD} 充电，给这个电容放电将会改变输出电流从而增大寄生延迟。其实，正如在 4.6 节讨论过的，来自外部输入的寄生延迟与输入信号的个数成平方关系。由于寄生延迟，通常最好把最迟到达的输入信号放在输入 0 上。

多输入逻辑门的逻辑势会比第 4 章的计算结果稍微低一些，原因在于只有一个输入改变（表 5.1），同时其他的晶体管已经导通，且有效电阻比正在变化的晶体管低一些。如果串联晶体管的输入同时到达，其逻辑势将会大于这里提及的模拟结果。

我们注意到，内侧输入的逻辑势会稍大于外侧输入的。但这对电路设计者而言并不重要，因为超过电路的合理扇出范围后，降低内侧输入的寄生延迟要比控制逻辑势更加重要，同时关键信号应该赋予内部输入。另外，引起逻辑势增大的原因十分微妙，下面对这种二阶（second-order）现象对感兴趣的读者进行解释。

为了理解这种现象，可以思考两个串联的 NMOS 晶体管放电时的场景。图 5.5 表示了内侧和外侧输入变化时输出点和中间点电压的变化情况。当内侧晶体管变化时，它最初在饱和区，而最下面的外侧晶体管变化时会完全导通并处于线性模式。流经外侧晶体管的电流引起了中间点电压升高，降低了内侧晶体管的栅源驱动 V_{gs}，从而减小了电流。这种负反馈在内侧晶体管饱和时尤为明显，因为其电流取决于 V_{gs} 的二次方。

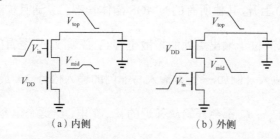

图 5.5   两个串联晶体管的内侧和外侧输入变化时负载放电的波形示意图

输入曲线的变缓使得内侧晶体管在绝大部分变化时间内都保持在饱和状态，因此内侧晶体管经历更多的负反馈，从而产生更慢的传播延迟。如前所述，图 5.3 所示的逻辑势校验电路在每个层级都会产生相等的扇出，因此也就会给逻辑门产生一个更加平缓的输入，从而驱动更大的电气势。综上所述，电路的负反馈会引起电气势的增大，导致延迟与电气势的比曲线斜率的增大，从而使内侧输入表现出更强的逻辑势。

5.2.3　寄生电容

精确地刻画扩散电容以模拟真实的寄生延迟是十分必要的，但是在没有明确需求时，几乎所有 SPICE 模型都没能很好地解释扩散电容。扩散电容由扩散面积和周长的参数 AS、AD、PS 和 PD 来刻画，这些参数的含义都在图 5.6 中给出。扩散周长仅仅反映了扩散区和衬底连接处的长度，扩散区和通道间的边界可以忽略不计，因为在生产过程中，晶体管栅极边界的扩散壁电容已经在生产过程中减小到了极致。

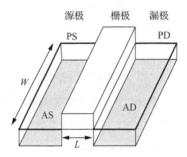

图 5.6　简化的晶体管模型

用以说明在电容计算过程中用到的扩散面积和周长

扩散面积和周长都依赖于版图。连接金属线的扩散点会比串联晶体管间与金属无关的扩散区大得多，良好的版图设计可以做到在任何可能的位置共用扩散点。体积较大的元件可以通过折叠晶体管来进一步减少扩散。图 5.7 给出了一个简单反相器的版图［图 5.7（a）］，一个带有折叠晶体管的反相器［图 5.7（b）］以及一个与非门的版图结构［图 5.7（c）］。表 5.3 列出了每个晶体管的扩散电容。

理想情形下，在寄生估算时也需要考虑导线电容，从真实的元件版图中就能获取这种寄生电容值。但本章所涉及的寄生延迟只考虑了实际的扩散电容而忽略了导线电容。

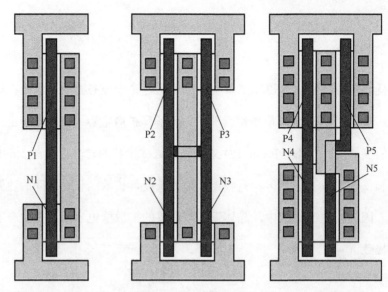

（a）简单反相器的版图   （b）带有折叠晶体管的反相器版图   （c）与非门的版图

图 5.7   晶体管的版图

表 5.3   图 5.7 中各晶体管的扩散面积和周长对应的电容

晶体管	W	AS	AD	PS	PD
N1	8	40	40	18	18
P1	16	80	80	26	26
N2	4	20	12	14	6
N3	4	20	12	14	6
P2	8	40	24	18	6
P3	8	40	24	18	6
N4	16	80	24	26	3
N5	16	24	80	3	26
P4	16	80	48	26	6
P5	16	80	48	26	6

注：表中单位分别为 λ^2 和 λ，其中 λ 为图中沟道最小长度的一半。

5.2.4 制程敏感度

τ 的值依赖于制程、电压和温度。图 5.8 描绘了在标准温度 70℃ 的条件下，不同的制程和电压引起其他参数的变化情况。

在第 4 章中曾得到结论，理想条件下，逻辑门的逻辑势与制程参数是无关的。但实际上，有些效应如速率饱和效应会使逻辑势依据当前制程和操作环境稍有区别。表 5.4 说明了这种变化。

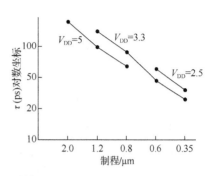

图 5.8 不同制程和电压下的 τ 值，采用 MOSIS SPICE 参数进行模拟

表 5.4 不同制程和电压下逻辑门的逻辑势 （$\gamma=2$）

制程/μm	V_{DD}/V	2-输入 与非门	3-输入 与非门	4-输入 与非门	2-输入 或非门	3-输入 或非门	4-输入 或非门
2.0	5.0	1.16	1.35	1.55	1.58	2.13	2.69
1.2	5.0	1.20	1.41	1.65	1.50	2.00	2.47
1.2	3.3	1.24	1.48	1.74	1.51	2.04	2.59
0.8	5.0	1.15	1.32	1.53	1.51	2.00	2.55
0.8	3.3	1.17	1.36	1.58	1.50	2.07	2.60
0.6	3.3	1.18	1.40	1.66	1.58	2.18	2.81
0.6	2.5	1.17	1.42	1.68	1.55	2.13	2.78
0.35	3.3	1.17	1.37	1.57	1.54	2.03	2.61
0.35	2.5	1.20	1.42	1.65	1.57	2.15	2.61
平均值		1.18	1.39	1.62	1.54	2.08	2.63
理论值		1.33	1.66	2.00	1.66	2.33	3.00

相似地，寄生电容随当前制程和环境也会略有差异，表 5.5 说明了这种变化。

表 5.5   不同制程和电压下逻辑门的寄生延迟

制程/μm	V_{DD}/V	反相器	2-输入 与非门	3-输入 与非门	4-输入 与非门	2-输入 或非门	3-输入 或非门	4-输入 或非门
2.0	5.0	0.94	1.24	1.88	2.29	1.78	2.89	3.79
1.2	5.0	0.91	1.16	1.80	2.11	1.63	2.52	3.42
1.2	3.3	0.95	1.21	1.84	2.18	1.67	2.58	3.18
0.8	5.0	0.98	1.27	1.86	2.16	1.77	2.89	3.59
0.8	3.3	0.95	1.30	1.98	2.30	1.82	2.69	3.45
0.6	3.3	1.08	1.36	2.12	2.39	1.98	3.02	3.95
0.6	2.5	1.07	1.53	2.29	2.69	2.07	3.19	3.86
0.35	3.3	1.06	1.42	2.07	2.52	1.84	2.76	3.18
0.35	2.5	1.16	1.54	2.21	2.64	1.87	2.49	3.34
平均值		1.01	1.34	2.01	2.36	1.83	2.78	3.53

5.3   其他表征方法

运用模拟仿真的方法通常已经足够描绘元件库的特性，但有时难以获得特定制程下精确的 SPICE 模型。这种情况下，依然可以由数据手册或者设计测试芯片来估算逻辑势。

5.3.1   数据表

好的元件库的数据手册都会包含延迟-扇出信息，根据延迟-扇出曲线上的拟合斜线就能简单地计算出逻辑势。这里要特别留意，如果扇出不是用 C_{out} / C_{in} 表述，而是用单位反相器表述，那么就要将扇出换算为电气势。

例 5.1   试通过图 5.9 所示的 LSI 电路数据手册计算反相器的逻辑势和寄生延迟。

n1
Inverters

Name: n1
Description: Inverters
Coding Syntax: z=n1*(a)
Logic Symbol:

Schematic:

Truth Table:

a	z
0	1
1	0

Input Loading Characteristics:
Values stated in standard loads.

Version	a
n1a	1.0
n1b	2.0
n1c	2.9
n1d	3.5
n1e	7.2
n1f	10.8
n1l	0.5

n1
Inverters

Delay Characteristics:
Conditions: Process-Nom, V_{DD} = 3.3V, T_A=25℃, One Standard Load=0.015pF (including component and wire load). Ramp time=0.2ns(measured from 10% to 90% V_{DD}).

Version	Cell Units	Delay Path	Transition	Delay (ns,for Standard Loads on Output)						
				1	2	4	8	16	32	64
n1a	3	a_to_z	tpLH	0.06	0.08	0.12	0.19	0.35	0.68	1.32
			tpHL	0.06	0.07	0.10	0.15	0.25	0.44	0.83
n1b	4	a_to_z	tpLH	0.04	0.05	0.07	0.10	0.19	0.34	0.67
			tpHL	0.04	0.05	0.07	0.10	0.15	0.25	0.44
n1c	5	a_to_z	tpLH	0.04	0.04	0.06	0.09	0.14	0.24	0.46
			tpHL	0.04	0.04	0.06	0.08	0.12	0.18	0.31
n1d	6	a_to_z	tpLH	0.03	0.04	0.05	0.08	0.12	0.19	0.35
			tpHL	0.03	0.04	0.05	0.08	0.11	0.17	0.30
n1e	10	a_to_z	tpLH	0.03	0.03	0.04	0.05	0.08	0.12	0.19
			tpHL	0.03	0.03	0.04	0.05	0.07	0.11	0.17
n1f	14	a_to_z	tpLH	0.03	0.03	0.03	0.04	0.06	0.09	0.14
			tpHL	0.03	0.03	0.04	0.04	0.06	0.09	0.13
n1l	3	a_to_z	tpLH	0.08	0.12	0.20	0.36	0.69	1.35	2.65
			tpHL	0.08	0.11	0.16	0.26	0.46	0.85	1.63

G10-p Internal Macrocells
March 1997　　2-131　Copyright©1995,1996,1997 by LSI Logic Corporation. All rights reserved.

Internal Buffers
March 1997　　2-132　Copyright©1995,1996,1997 by LSI Logic Corporation. All rights reserved.

图 5.9　G10-p 0.35μm、3.3V 库中反相器的 LSI 逻辑数据手册(此表也可见于 www.lsilogic.com)

解 数据手册中给出了 G10-p 0.35μm 3.3V 库中各类不同型号的反相器，门的尺寸和负载电容都采用与 15fF 相当的标准负载单位计量。反相器按照尺寸大小增序从 a 记至 f，1 表示一种特别的轻负载情况。

首先不妨设规格为 a 的反相器的逻辑势为 1，而后通过计算延迟-扇出数据对应的拟合斜线，就可以得到其他各个反相器的逻辑势和寄生延迟。上升和下降传播延迟将取其平均值，则图 5.10 中的数据表符合 a、b 和 d 反相器曲线，该斜线可以很好地拟合数据，反过来验证了此延迟模型。

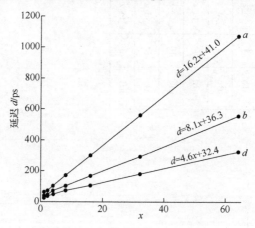

图 5.10   不同尺寸的反相器的延迟-负载关系

可以将斜率乘以输入电路提供的标准负载系数将"延时-负载"换算为"延迟-电气势"：

(a) $d_{abs} = 16.2h + 41.0$

(b) $d_{abs} = 16.2h + 36.3$

(d) $d_{abs} = 16.1h + 32.4$

逻辑势为 1 的逻辑门的曲线斜率为 τ，此例中为 16.2ps。其他逻辑门的逻辑势可以通过斜率间的比例求得，寄生延迟是其绝对值除以 τ 之后的值，表 5.6 总结了每个反相器的逻辑势和寄生延迟。可以观察到，所有反相器的逻辑势跟理论值都很接近，几乎都为 1.00，较大的寄生延迟可能包括了局部导线电容。正如预想的情况，较大元件的寄生延迟会低一些，因为可以利用折叠晶体管方法或提升晶体管与导线长度比的方法，来实现更低的延迟。

表 5.6　不同尺寸反相器的逻辑势和寄生延迟

尺寸	g	p
a	1.00	2.53
b	1.00	2.24
d	0.99	2.00

习题 5.4 涉及从 LSI 库中的一个与非门求得其逻辑势的方法。

5.3.2　测试芯片

制造环形振荡器芯片并依据其频率也可以测得逻辑势，振荡器包含奇数个反相器层级。正如在例 1.1 中讨论的那样，环形振荡器的频率跟逻辑门的延迟有关。具有不同扇出的振荡器提供了绘制延迟-电气势曲线的数据，从而间接提供了计算逻辑势和寄生延迟的数据。

5.2 节已讨论过，需要仔细考虑辅助负载逻辑门以避免负载电容叠加引起的米勒效应。同时，制造的芯片也会包含在模拟过程中极易被忽略的导线电容。最后，要从环形振荡器的一个逻辑门中引出电路输出，以避免额外的分支势。但遗憾的是，这对环中扇出为 1 的逻辑门是不可能的。

5.4 特殊电路的校正

到目前为止介绍的校正技术对上升和下降时间近似相等的逻辑门适用良好，因为上一个逻辑门的输出刚好就是下一个逻辑门的输入。但遗憾的是，这种技术对于其他电路系列就会失败，比如说一个动态门是无法直接驱动另一个动态门的，因为这样会违反单一性（monotonicity）规则。某些逻辑门倾向（响应）特定的变化，但对另一些变化响应的速度会变得极低，从而无法用来计算输入（变化的）斜率。

动态门的开关门限很低。由于一个动态门无法直接驱动另一个动态门，因此在它们之间必须接有一个反相静态门。如果从输入超过 50%时开始测量延迟，到输出超过 50%时结束，往往会得到错误的结果。如果输入信号的斜率很小，这样的测试甚至会得出动态门拥有负延迟的结论。一种较好的方法是将动态门及其后续的静态门塑造成一个整体来测量其延迟，同时要使用与每层级都等价的电气势作为整体的电气势。逻辑势最初的估算值可以用来确定静态门的尺寸规格，这样就能使动态门和静态门的层级势大致相等。

在 7.2.1 节将会介绍到，有时会通过增大关键晶体管的尺寸，来使静态门倾向（响应）特定的变化，例如一个带有较大 PMOS 晶体管的高偏斜（HI-skew）逻辑门就可以连在动态门之后。表征一串具有相同倾向的逻辑门也会产生错误的结果，建议测量高偏斜逻辑门输出的上升时的逻辑势，因为此时的延迟为关键路径上的延迟。这样一连串具有相同倾向的逻辑门中的每一个，其输入斜率都来自下降变化且不合常理的小，这反过来也妨碍了输出的上升。为了避免该问题，就像对动态门所建议的那样，得把具有相同倾向的逻辑门作为某单元的一部分。

5.5 本 章 小 结

本章探讨了通过电路模拟测量逻辑势方法的精确性。实验结果表明第 4 章中讨论的计算方法是可行的，但是更加精准的校准方法在一定程度上提供更高的精度和设计信心。

由于逻辑门的逻辑势和寄生延迟只随着制程而轻微变化，因此只依据 τ 就能表征特定制程下（电路）的速度。寄生延迟要比逻辑势多变，但由于势延迟常常会超过寄生延迟，这种变化只占总延迟中较小的一部分。通过用 τ 或者公认的 FO4 反相器单位延迟（1FO4=5τ）来刻画电路的延迟，设计者不但可以不依赖制程与其他人进行交流，还能够轻而易举地预测采用更先进制程时，逻辑门的性能提升程度。

5.6 习 题

[25] 5.1 试按照你采用的制程确定反相器、2-输入与非门和 2-输入或非门的逻辑势和寄生延迟。你得出的结果跟第 4 章的估算值以及本章的测量值相符吗？

[20] 5.2 试利用表 5.2 中的数据做出一个 3-输入与非门中每一个输入信号的延迟-电气势曲线图。从图中你能得出什么样的一般性结论？

[15] 5.3 基本的 2-输入与非门的两个输入信号是不相同的，因为一个输入连接着靠近输出的晶体管，另一个输入则连接着靠近电源的晶体管。请说明如何使用两个基本的 2-输入与非门，二者驱动同一输出，来搭建一个输入延迟相同的 2-输入与非门。

[20] 5.4 图 5.11 中给出的 LSI 库中，有 a 尺寸和 c 尺寸的 2-输入与非门，请计算它们的单逻辑势和每个输入端的寄生延迟，取 $\tau=16.2$ps。

nd2
2-Input NAND

Name:　　nd2
Description:　2-Input NAND
Coding Syntax: $z=nd2*(a,b)$
Logic Symbol:　　　　　Schematic:

Truth Table:

a	b	z
0	0	1
0	1	1
1	0	1
1	1	0

Input Loading Characteristics:
Values stated in standard loads.

Version	a	b
nd2a	0.9	0.9
nd2b	1.7	1.9
nd2c	2.6	2.8
nd2l	0.5	0.5

nd2
2-Input NAND

Delay Characteristics:
Conditions: Process-Nom, $V_{DD} = 3.3V$, $T_A=25°C$, One Standard Load=0.015pF (including component and wire load), Ramp time=0.2ns(measured from 10% to 90% V_{DD}).

Version	Cell Units	Delay Path	Transition	Delay (ns,for Standard Loads)						
				1	2	4	8	16	32	64
nd2a	4	a_to_z	tpLH	0.07	0.09	0.14	0.23	0.43	0.81	1.57
			tpHL	0.07	0.09	0.14	0.22	0.38	0.70	1.33
		b_to_z	tpLH	0.07	0.10	0.14	0.23	0.43	0.81	1.57
			tpHL	0.08	0.10	0.14	0.22	0.38	0.70	1.33
nd2b	6	a_to_z	tpLH	0.05	0.06	0.09	0.14	0.23	0.42	0.81
			tpHL	0.05	0.06	0.09	0.13	0.21	0.37	0.69
		b_to_z	tpLH	0.06	0.07	0.09	0.14	0.23	0.43	0.81
			tpHL	0.06	0.07	0.09	0.13	0.21	0.37	0.69
nd2c	8	a_to_z	tpLH	0.04	0.06	0.07	0.11	0.17	0.29	0.55
			tpHL	0.05	0.06	0.08	0.11	0.16	0.27	0.48
		b_to_z	tpLH	0.05	0.06	0.08	0.11	0.17	0.29	0.56
			tpHL	0.05	0.06	0.08	0.10	0.16	0.27	0.48
nd2l	4	a_to_z	tpLH	0.10	0.15	0.24	0.45	0.86	1.68	3.30
			tpHL	0.10	0.14	0.22	0.38	0.68	1.30	2.52
		b_to_z	tpLH	0.10	0.15	0.25	0.46	0.87	1.68	3.30
			tpHL	0.10	0.14	0.21	0.37	0.68	1.29	2.51

图 5.11　G10-p 0.35μm，3.3V 库中 2-输入与非门的 LSI 电路数据手册（此表也可见于 www.lsilogic.com）

第 6 章　非对称逻辑门

对于不同的输入信号，逻辑门对应的逻辑势有时也不同，具有此类性质的逻辑门被称为非对称的。例如在 4.4 节中提及的与-或-非门（and-or-invert）本身就是非对称的，3-输入异或门及 4.5.4 节和 4.5.5 节的大多数逻辑门既可以是对称的，也可以实现为非对称形式，但是非对称形式的总逻辑势会小一些。可以改造常规的对称逻辑门为非对称形式，例如调整与非门和或非门的晶体管尺寸，降低一个或多个输入的逻辑势，增加了其他输入的逻辑势，这种改造后的非对称逻辑门减少了晶体管网络中关键路径上的逻辑势，实现了关键路径的加速。尽管这种方式引人瞩目，但其存在一定代价，增大了逻辑门的总逻辑势。本章将讨论为了倾向特定输入而修改逻辑门时所产生的设计问题。

6.1　设计非对称逻辑门

图 6.1 是一个与非门，它的设计中包含了两个不同宽度的下拉晶体管：输入 a 的宽度为 $1/(1-s)$，而输入 b 的宽度是 $1/s$。参数 s 称为对称因子，其取值范围为 $0 < s < 1$，它表示逻辑门不对称的程度，如果 $s = 1/2$，则该逻辑门对称，两个下拉晶体管尺寸相同，其逻辑势的计算见 4.3 节。如果 s 的值在 $0 \sim 1/2$，说明输入信号 a 的下拉晶体管宽度比输入 b 要小，即输入更加偏向（favor）a。同理，如果 s 的值在 $1/2 \sim 1$，则输入更加偏向 b。

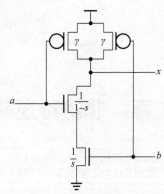

图 6.1　非对称的与非门

尽管逻辑门偏向某一输入增加了灵活性，但是其输出驱动仍然可以参考反相器，此反相器由一个宽度为 1 的下拉晶体管和一个宽度为 γ 的上拉晶体管组成。可以验证，下拉连接的电导率为 1：

$$\frac{1}{\dfrac{1}{\dfrac{1}{1-s}} + \dfrac{1}{\dfrac{1}{s}}} = 1 \tag{6.1}$$

运用方程（4.1），可计算出输入 a 的逻辑势 g_a 和输入 b 的逻辑势 g_b，则总逻

辑势 g_{tot}：

$$g_a = \frac{\dfrac{1}{1-s}+\gamma}{1+\gamma} \tag{6.2}$$

$$g_b = \frac{\dfrac{1}{s}+\gamma}{1+\gamma} \tag{6.3}$$

$$g_{tot} = \frac{\dfrac{1}{s(1-s)}+2\gamma}{1+\gamma} \tag{6.4}$$

假设 s 最小的可能值为 0.01，来最小化输入 a 的逻辑势，此设计决定了输入 a 的下拉晶体管宽度为 1.01，输入 b 对应了宽度为 100 的晶体管。因此，输入 a 的逻辑势为 $(1.01+\gamma)/(1+\gamma)$，此值几乎可以精确为 1；输入 b 的逻辑势为 $(100+\gamma)/(1+\gamma)$，在 $\gamma=2$ 时近似于 34；总逻辑势在 $\gamma=2$ 时约为 35。

对于极端的非对称设计，假设其对称因子 $s=0.01$，一个输入的逻辑势几乎等于参考反相器的逻辑势值，也就是说值为 1，这种优势的代价就是高达 35 的巨大的总逻辑势，而对称设计的总逻辑势仅为 8/3。此外，巨大的下拉晶体管面积一定会导致布图问题，也就是说输入 a 逻辑势降低带来的优势也可能会被晶体管巨大的面积抵消。

不那么极端的非对称情况会更加实用。若 $s=1/4$，则下拉晶体管的宽度分别为 4/3 和 4，输入 a 的逻辑势为 $(4/3+\gamma)/(1+\gamma)$，当 $\gamma=2$ 时，输入 a 的逻辑势为 1.1，输入 b 的逻辑势为 2，总逻辑势为 3.1，相比之下，这比对称设计的总逻辑势 8/3 略大。这种设计实现偏向输入 a，输入 a 的逻辑势只比反相器增加了 10%，此设计的总逻辑势也没有显著增大。

非对称逻辑门的设计还需要注意寄生电容。例如，在与非门设计中取 $s>1/2$

值得商榷，因为与输入 b 相连的较小的下拉晶体管不仅要对负载电容进行放电，还要对连接于输入 a 的较大的下拉晶体管的寄生电容放电。最好的方法就是将晶体管根据尺寸排序串联，这样较小的晶体管就会更临近输出节点。在图 6.1 所示的电路设计中，意味着应该只使用对称因子 $s \leqslant 1/2$ 范围的晶体管，因为它们更偏向于输入 a。当然，正如在 5.2.2 节中讨论过的原则，输入 a 必须是最后变化的才行。

通过刻画所偏向输入的逻辑势期望值 g_f，以及推算必要的晶体管尺寸，也可以实现非对称逻辑门。这种方式给出了按照偏向输入的逻辑势，来计算非偏向输入的逻辑势 g_u 的途径。由方程（6.2）和方程（6.3）可推出适用于与非门的方程（6.5）（见习题 6.1）：

$$\left(g_f - 1\right)\left(g_u - 1\right) = \frac{1}{\left(1+\gamma\right)^2} \tag{6.5}$$

方程（6.5）刻画了偏向输入和非偏向输入逻辑势间的对称关系：非偏向输入逻辑势的值随着偏向输入逻辑势值的减小而增加。

图 6.2 总结了 2-输入与非门的对称因子变化时的效果。回想一下在单层级设计时，势 f 导致的延迟为 f 个单位延迟加上寄生延迟。若 1.33～1.2 单位的偏向输入的延迟下降 0.13 个单位，将导致 1.33～1.56 单位的非偏向输入的延迟增加 0.23 个单位。

这里分析的 2-输入与非门的设计技术，同样也可以适用于其他逻辑门。本书中随着需要，后续将逐步分析非对称设计技术，而不会列举所有非对称设计。有可能读者会对 2-输入或非门及 3-输入与非门的类似分析感兴趣。

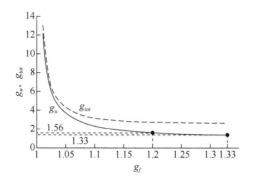

图 6.2 $\gamma = 2$ 时，2-输入与非门的输入偏向和输入非偏向条件的逻辑势关系

6.2 非对称逻辑门的应用

非对称逻辑门主要应用在某条特殊路径必须设计得非常快的场合。例如，在行波进位加法器或计数器中，进位路径就必须非常快，得用非对称电路来加快进位速度，但这种方法会延缓求和（sum）的输出。

自相矛盾的是，另一种非对称逻辑门的重要应用是在某条信号路径需要异常缓慢地执行时，比如复位信号。图 6.3 描绘了一种缓冲放大电路的设计，它的输出在复位信号 $\overline{\text{reset}}$ 为低电平时被强制设置为低。这种设计包括两个层级：与非门和反相器。正常工作期间，也就是 $\overline{\text{reset}}$ 为高时，第一层级的输出驱动等效于一个下拉（晶体管）宽度为 6，上拉（晶体管）宽度为 12 的反相器，在信号端 in 的电容负载宽度为 7+12 单位。因此，输入端 in 的逻辑势会比相应反相器的逻辑势略大：

$$g = \frac{7+12}{6+12} = 1.05 \qquad (6.6)$$

这个电路采用尽可能小的上拉晶体管，在允许的范围内使 $\overline{\text{reset}}$ 信号的响应变慢，这种设计减少了逻辑门所需的版图面积，从而部分地弥补了下拉晶体管所需的较大版图面积开销。如果不同时刻变化的诸多逻辑门来共享复位下拉晶体管，那么面积可以被进一步减小，这种方法被称为虚接地（virtual ground）技术。

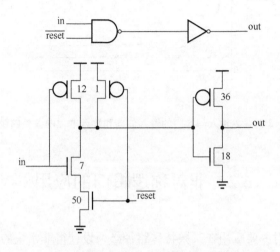

图 6.3　带有复位信号的缓冲放大电路

因为受 $\overline{reset}$ 控制的上拉和下拉驱动与标准反相器的驱动不同，所以这种方式打破了传统逻辑门和参考反相器应具有相同驱动的惯例。但这种方式是合理的，因为当复位信号未到达时，除了性能其他都不用考虑，此时逻辑门的输出驱动与参考反相器几乎一致。

类似于 CMOS 选择器，因其单逻辑势不随着输入个数的增多而增大的独特性质，非对称的选择器也有一些独特的性质。如图 6.4 所示，具有 n 条"臂"的 n 路选择器，每条臂都包含多个晶体管，这些晶体管分别连接一个数据输入端和一个选择簇。这种选择器独特性由其臂间的独立性决定，在设计阶段，可以不用考虑其他臂，相对自由地独立设计每一个臂。当然，如果在计算延迟时将寄生电容也包括进去，选择器的每条臂带来的寄生电容的确会影响其他臂，将在第 11 章进行讨论。

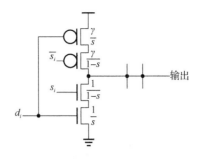

图 6.4 选择器的一条输入臂

数据输入为 d_i，选择束为 s_i 和 $\overline{s}_i$

选择器的某条臂可能是非对称的，以便偏向于特定数据或选择信号的速度。当控制信号较迟到达时，偏向于选择信号的方式可能合适的。例如，进位选择加法器求和时，会假设 carry = 0 和 carry = 1 两种情况，当进位信号到达后选择正确的和。如图 6.4 所示，对称因子 $s < 1/2$ 将会带来非对称性设计需求。

偏向于数据输入的方式存在较大问题。虽然可以根据对称因子 $1/2 < s < 1$ 获得合适的晶体管尺寸，但是连接到所选择输入端的晶体管的尺寸较大，其寄生电容减慢了选择器的速度，也抵消了数据输入端负载减少的效果，所以图 6.4 所示的设计将不会容许如此大的非对称性。某些情况下，在上拉和下拉链中的数据和选择晶体管，可以互换位置以避免驱动具有较大寄生电容的小尺寸晶体管。若输出端依靠从其源扩散寄生电容（source diffusion parasitics）注入电荷到输出端的方式进行充电，如果大量数据晶体管连接到输出端时，就可能导致严重的共享充电（charge-sharing）问题。

通过改变选择器不同输入臂的电导率，也可以实现其非对称性。非关键路径使用电导率较低的臂，故其输入负载也更低。这种非对称性设计的典型实例之一是静态锁存器。图 6.5（a）是一种静态锁存电路的电路图，图 6.5（b）单独以三态门方式展现了选择器输入臂的原理图。设计目的为，当 e 高电平、$\overline{e}$ 低电平时锁存器透明，此时透过锁存传播的延迟最小。

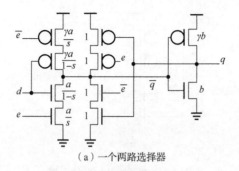

（a）一个两路选择器

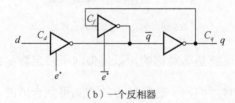

（b）一个反相器

图 6.5　静态锁存器的晶体管级和门级原理图

数据输入为 d，锁存输出为 q

　　选择器的左臂被配置为偏向于数据输入，这样它的逻辑势就是 $1/(1-s)$。这条输入臂中晶体管的尺寸由三个参数决定：逻辑门的对称因子 s；总体规模因子 a；P 型和 N 型晶体管的宽度比 γ。选择器的右臂则选用尺寸最小的晶体管，因为它永远不会对其输出负载充电和放电，只会引起很小的漏电流。

　　沿着从 d 到 q 的关键路径，从输入 d 到选择器的逻辑势为 $1/(1-s)$，反相器的逻辑势为 1，该路径的逻辑势为 $1/(1-s)$。电气势为反相器的负载同输入 d 电容的比。如果定义 C_q 为负载电容，C_f 为反馈路径上选择器的输入电容，C_d 为输入 d 的电容，则电气势 $H=(C_q+C_f)/C_d$。可得

$$F=\frac{1}{1-s}\frac{C_q+C_f}{C_d}=\frac{C_q}{(1-s)rC_d} \tag{6.7}$$

式中，$r=C_q/(C_q+C_f)$ 是反相器的有用输出驱动部分。从这个方程中我们可以清晰地看到，最大化 r 和 $1-s$ 的值可以最小化给定输入输出负载，此发现建议设计

时最小化反馈电容 C_f，并根据选择器实际需求，尽可能多地偏向输入 d。

修改选择器以使其偏向数据输入，也存在副作用，增加了选择束 e^* 的逻辑势。这完全不会影响（电路）速度，因为偏向于数据输入意味着选择速度并不关键。而且，如果选择器作为锁存器使用，那么选择信号就是一个时钟信号，其延迟可被时钟分布网络所吸收。然而，增大束 e^* 的逻辑势也会增大其驱动的功耗，因此应该在设计中避免过多的非对称性。

6.3　本 章 小 结

逻辑势理论揭示了通过选择晶体管的规格来偏向于某个输入的逻辑势，而以牺牲其余输入为代价设计逻辑门的方法。其效果就是偏向输入的路径延迟会降低，而其他输入上的路径延迟会增加。尽管偏向一个逻辑门会增加总的逻辑势，但这种技术可以减少关键路径的延迟。当许多非对称逻辑门沿一条路径串联，从而减少该路径的延迟时，非对称设计的好处是最为明显的。进位链就是这种技术的一种重要应用。

6.4　习　　　题

[15] 6.1　由方程（6.2）和方程（6.3）推导方程（6.5）。

[25] 6.2　设计非对称的 3-输入与非门，使用两个参数 $0 < s$ 和 $t < 1$ 刻画两个输入的簇逻辑势。请由 s 和 t 推导出全逻辑势的表达式。

[20] 6.3　当 $C_d = 9$，$C_q = 6C_d$，$\gamma = 2$ 时，试完成图 6.5 所示的静态锁存器设计。当锁存透明时，从 d 到 q 的关于 s 的延迟函数是什么？忽略寄生现象。

[20] 6.4 假定输出 q 一点也没有被使用，此时负载 C_q 在 $\bar{q}$ 端，最小化 d 到 $\bar{q}$ 的延迟，重做习题 6.3。

[20] 6.5 图 6.5（a）中最左边的选择器的臂本身就是一个反相动态锁存器，剩下的电路就是简单地将锁存器静态化。锁存静态化而非动态化对逻辑势的"代价"是什么？

[20] 6.6 假设图 6.5 中的静态锁存器必须驱动很大的负载，比如 $C_q = 100$ 且 $C_d = 3$。你将怎样修改设计？

[25] 6.7 为了加快速度，图 6.6 所示电路中哪一个与非门可能会采用非对称设计？假设两个输入端 a 和 b 的倾向相同，最佳的非对称性是否依赖于组合电路的电气势呢？

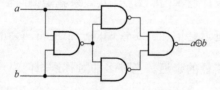

图 6.6　计算异或的两输入电路

第 7 章 上升与下降不同时的延迟

前面章节对 CMOS 逻辑门延迟的所有分析，都基于逻辑门输出的上升与下降转换具有相同延迟的假定，放宽此条件来分别对待上升与下降延迟也很容易。考虑不同的上升时间与下降时间，就能够分析更多种类的设计，包括伪 NMOS（pseudo-NMOS）电路、偏斜静态门（skewed static gate）、CMOS 多米诺逻辑，以及所有种类的预充电电路，同时也丰富了静态 CMOS 门的 PMOS 和 NMOS 晶体管的宽度比。

为了研究上升和下降时间相异的逻辑门，需要再回顾晶体管尺寸的定义，并引入几个使用过但未正式定义的新符号。前面章节已经介绍了迁移率 $\mu = \mu_n / \mu_p$。这里还需介绍逻辑门的 P/N，即逻辑门中 PMOS 与 NMOS 的尺寸的比，记为

$r = P/N$；参考反相器本身的逻辑势的值被定义为 1，所以其形状因子比值 γ 就是其 P/N 值。如果 $\gamma = \mu$，则反相器有相同的上升和下降时间。本章关注的重点是 $\gamma \neq \mu$ 的情况，此时上升和下降时间不同。

包含串联晶体管的逻辑门，需要更大晶体管来传输与参考反相器同样的电流，意味着与非门和异或门中 P/N 值 r 并不等于 γ。再引入一个常用的符号 k 来表示对串联晶体管的补偿，某特定逻辑门的 P/N 值 $r = k\gamma$ 就能表示其上升/下降延迟与参考反相器上升/下降延迟的比例。对于两输入异或门来说，PMOS 晶体管为参考反相器的 2 倍宽度，因此 $k = 2$。对于 3-输入与非门，NMOS 晶体管宽度是参考反相器的 3 倍，因此 $k = 1/3$。

本章的主要结果对所有情况，尤其是绝大多数有实际需求的案例都适用。即使上升和下降延迟不同，逻辑势的技术甚至可以不加修改，直接确定最佳的晶体管尺寸。但当计算一条路径上总延迟时，还需要将参考反相器延迟 τ 替换为其不同上升和下降延迟的平均值。

大多数情况下，分析时只需要关注上升和下降延迟的平均值，因为信号流在门级网络的各层级中传播时会交替地上升和下降，上升和下降转换的层级数最多相差一个，故平均状态延迟足以衡量网络的性能。但如果相比于其他的转换传播而言，某个特殊转换的传播速度更重要时，那么使用 $r \neq k\gamma$ 的偏斜静态门就能减小此特殊转换的逻辑势，其代价是加大了其他转换的逻辑势。

关于该分析的一个有趣应用是寻找最佳的静态 CMOS 门的 P/N 值 r。如果 r 太小的话，那么上升转换的层级将变得非常慢，因为上拉晶体管的电导率会变小。另外，如果 r 过大，上升转换的速度会加快，但是上升晶体管所在的门电路电容会变得非常大，使得这个电路的负载变大，从而使速度变慢。最佳的 r 值就是在这两个极端之中找到折中点。由此可知，最小总延迟下的 r 值会引起上升和下降延迟的不同。

7.1　延　迟　分　析

针对上升和下降时间相异的延迟分析方法，是对第 3 章中两者相同延迟分析方法的拓展。本节展示的分析方法表明采用之前讨论过的逻辑势的技术求得的平均延迟最小。在所有情况下，上升和下降转换都指输出变化，而不是输入变化。

可以使用如下两个表达式对逻辑门的单层级延迟建模，这两个表达式可由3.2 节介绍的技术推得。

$$d_u = g_u h + p_u \tag{7.1}$$

$$d_d = g_d h + p_d \tag{7.2}$$

在这里延迟用 τ 来度量。需要注意的是，上升转换 u 的逻辑势、寄生延迟和层级延迟不同于下降转换 d 的。每个转换的势以及寄生延迟都可以根据由电气势决定的延迟来计算出来，方法已在第 5 章介绍过。电气势与转换方式无关。

在一个包含 N 个逻辑门的路径中，用下面两个方程之一来表示路径延迟，选取哪一个取决于路径的最终输出是上升的还是下降的。在方程中，i 表示当前层级与最后层级的距离，其范围从 0（表示最后一个门）到 $N-1$（表示第一个门）。

$$D_u = \sum_{i \text{ odd}} \left(g_{di} h_i + p_{di} \right) + \sum_{i \text{ even}} \left(g_{ui} h_i + p_{ui} \right) \tag{7.3}$$

$$D_d = \sum_{i \text{ odd}} \left(g_{ui} h_i + p_{ui} \right) + \sum_{i \text{ even}} \left(g_{di} h_i + p_{di} \right) \tag{7.4}$$

第一个方程针对电路网络产生上升输出转换时的延迟来建模。第一个求和子公式计算与最后层级为奇数距离的层级的输出下降转换的延迟，第二个求和子公式计算偶数距离层级的输出上升转换的延迟。请注意，逻辑门网络的所有路径都会经历上升与下降转换交替的过程，对应了这种求和过程。方程（7.4）与方程（7.3）类似，针对网络产生下降转换时的延迟建模：下降沿出现在偶数层级内，上升沿出现在奇数层级内。这两个方程刻画了必须考虑的两个独立场景。

通常希望输入上升或下降后，遍历整个电路网络的延迟大小差不多，但一般而言，上升/下降两种输入遍历了不同数目的上升和下降延迟，所以这两种场景的延迟不可能相等。故合理目标就是最小化平均延迟：

$$\bar{D} = \frac{1}{2}(D_u + D_d) = \sum \left(\frac{g_{ui} + g_{di}}{2} h_i + \frac{p_{ui} + p_{di}}{2} \right) = \sum (g_i h_i + p_i) = \sum (f_i + p_i) \quad （7.5）$$

受限于总逻辑势，$F = \prod f_i$。需要注意的是，这里每个层级的逻辑势和寄生延迟都是上升和下降值的平均。再次应用 3.3 节观察所得，各层级的总逻辑势相同时，总逻辑势决定的平均延迟最小，因此 $f_i = f = F^{1/N}$。可以得到如下的平均延迟公式：

$$\bar{D} = Nf + P = NF^{1/N} + P \quad\quad\quad\quad （7.6）$$

此结论与平均延迟对应的方程（3.22）是一致的。因此，有充足的理由不考虑上升和下降延迟的差异，直接使用上升/下降逻辑势的平均值及寄生延迟来确定最小的平均路径延迟。所有的值都为标准值，故参考反相器的平均逻辑势为 1。

然而，路径中的最大延迟可能与理论预测值不同。最大延迟是非常重要的，直接关系到同步系统中时钟周期的设定，为了找到最大延迟，必须选择上升输出和下降输出对应延迟的最大值。

例 7.1 使用表 7.1 中所给的逻辑势和寄生延迟数据，定制图 7.1 所示的路径，使其平均延迟最小。此时它的平均延迟和最大延迟是多少？

表 7.1　在 $\gamma = 2$、制程 $\mu = 3$ 时，各种门的逻辑势和寄生延迟的估计值

逻辑门	逻辑势			寄生延迟		
	上升 g_u	下降 g_d	平均 g	上升 p_u	下降 p_d	平均 p
反相器	6/5	4/5	1	6/5	4/5	1
2-输入与非门	24/15	16/15	4/3	12/5	8/5	2
2-输入或非门	6/3	4/3	5/3	12/5	8/5	2

注：查看习题 7.2 可以了解这些值的推导过程。

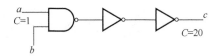

图 7.1　驱动重负载的与非门

解　注意表 7.1 中平均逻辑势和寄生延迟与平时常见的一致，但是上升值却比下降值要大。

根据平均逻辑势值来定制路径上的逻辑门，使其平均延迟最小。由 $G = 4/3$ 及 $H = 20$，可得 $F = 80/3$。再根据表 1.3 推荐的 $N = 3$，就可以验证图 7.1 中所选择的两个反相器。此时，每个层级的势为 $\rho = (80/3)^{1/3} = 2.99$。根据输出，求得晶体管尺寸如图 7.2 所示。

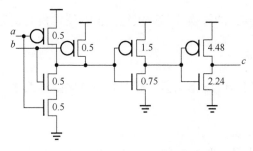

图 7.2　$\gamma = 2$、$\mu = 3$ 时，针对平均上升和下降延迟优化

图 7.1 的原理图后获得的晶体管网络

根据方程（7.3）和方程（7.4）就能计算出延迟：

$$D_u = \left(g_{u1}h_1 + p_{u1}\right) + \left(g_{d2}h_2 + p_{d2}\right) + \left(g_{u3}h_2 + p_{u3}\right)$$

$$= \frac{24}{15} \times \frac{2.25}{1} + \frac{12}{5} + \frac{4}{5} \times \frac{6.72}{2.25} + \frac{4}{5} + \frac{6}{5} \times \frac{20}{6.72} + \frac{6}{5} = 13.96 \qquad (7.7)$$

$$D_d = \left(g_{d1}h_1 + p_{d1}\right) + \left(g_{u2}h_2 + p_{u2}\right) + \left(g_{d3}h_2 + p_{d3}\right)$$

$$= \frac{16}{15} \times \frac{2.25}{1} + \frac{8}{5} + \frac{6}{5} \times \frac{6.72}{2.25} + \frac{6}{5} + \frac{4}{5} \times \frac{20}{6.72} + \frac{4}{5} = 11.96 \qquad (7.8)$$

平均值为 12.96，与方程（7.6）直接计算出的结果相符。

7.2 实例分析

相对于前述方法，分别考虑上升转换和下降转换时沿着路径传播的延迟最小化方法，是一种可以替代最小化平均延迟分析的方式。这种问题在预充电电路中经常出现，因为预充电会将信号设置为高电位，当下降转换通过网络电路传输时，下降转换传播时间的最小化技术最令人感兴趣。换言之，分别最小化方程（7.4）或者方程（7.3），而不是两者的平均值。

进行这种分析时，将使用合适的逻辑势 g_{xi} 和寄生延迟 p_{xi}，其中 x 代表上升或下降转换层级的 u 或 d。所有关于逻辑势的理论仍可应用在这里，这种方法会导致预充电（prescribed）的转换的延迟很短，但补偿转换的延迟会增加，接下来的例子将会阐述这一点。

例 7.2 同例 7.1 中的假设，但目标变为最小化由输入端上升转换引起的传播时间。

解 因为输入上升，那么与非门的输出会下降，而下一级反相器的输出会上升，最后一级反相器的输出会下降。因此，所需要留意的逻辑势分别是 16/15、6/5 和 4/5，见表 7.1，路径上的逻辑势为 $(16/15) \times (6/5) \times (4/5) = 1.02$，电气势仍然

保持为 $H = 20/1 = 20$ ，因此路径势为 20.5，层级势为 $\rho = 20.5^{1/3} = 2.74$ 。根据这个输出结果，尺寸分别取 5.84、2.56 和 1，如图 7.3 所示。

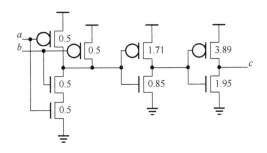

图 7.3　$\gamma = 2$ 、 $\mu = 3$ 时，针对上升延迟优化图 7.1 的原理图后获得的晶体管网络

再次使用方程（7.3）和方程（7.4）来分析这些延迟：

$$D_u = \left(g_{u1}h_1 + p_{u1}\right) + \left(g_{d2}h_2 + p_{d2}\right) + \left(g_{u3}h_2 + p_{u3}\right)$$

$$= \frac{24}{15} \times \frac{2.56}{1} + \frac{12}{5} + \frac{4}{5} \times \frac{5.84}{2.56} + \frac{4}{5} + \frac{6}{5} \times \frac{20}{5.84} + \frac{6}{5} = 14.43 \tag{7.9}$$

$$D_d = \left(g_{d1}h_1 + p_{d1}\right) + \left(g_{u2}h_2 + p_{u2}\right) + \left(g_{d3}h_2 + p_{d3}\right)$$

$$= \frac{16}{15} \times \frac{2.56}{1} + \frac{8}{5} + \frac{6}{5} \times \frac{5.84}{2.56} + \frac{6}{5} + \frac{4}{5} \times \frac{20}{5.84} + \frac{4}{5} = 11.81 \tag{7.10}$$

针对这个实例的优化方式，$D_d = 11.81$ 比方程（7.8）中根据平均延迟的优化方法得到的 11.96 稍好一些。然而，补偿延迟 14.43 却比之前设计得到的相应延迟值 13.96 要大一些。和预料的一样，关键转换的势延迟 f 都是 2.74，但是其他转换的延迟是不同的，要大一些。

这个例子很清晰地展示了优化两个补偿延迟之一，会产生稍微快的电路，但代价是其他转换的延迟增加显著。

7.2.1　偏斜门

当电路网络的路径中某一个转换的速度更为关键，可能需要设计特殊的逻辑门来尽量偏向重要的转换，这种门被称为偏斜门，它为关键晶体管分配了大部分输入电容。高偏斜门偏向上升输出的转换，低偏斜门则偏向下降输出转换，二者如图 7.4 所示，常规偏斜门见图 4.1。偏斜门与非对称门是不一样的，偏斜门是偏向某个特定（输出）转换，而非对称门则偏向特定的输入。

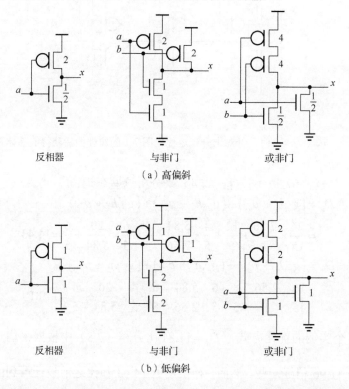

图 7.4　$\gamma = 2$ 时，反相器、与非门和或非门的高偏斜和低偏斜实现

对于关键转换，偏斜门会产生与参考反相器值相等的输出电流，而对于非关键转换输出电流要小于参考反相器的输出，因此相比于对两种转换可以产生与参考反相器一样电流的常规的逻辑门，偏斜门输入的电容值会小一些。关键转换的逻辑势比较低，其代价是增大了非关键转换的逻辑势。假定 $\gamma = \mu = 2$，多种偏斜门的逻辑势如表 7.2 所示。通常只关注偏斜门中关键转换的逻辑势，非关键转换或平均转换的逻辑势不是重点。

表 7.2　$\gamma = 2$、$\mu = \gamma$ 时偏斜门的逻辑势的估算值

逻辑门	逻辑势		
	上升	下降	平均
常规偏斜反相器	**1**	**1**	**1**
常规偏斜 2-输入与非门	**4/3**	**4/3**	**4/3**
常规偏斜 2-输入或非门	**5/3**	**5/3**	**5/3**
高偏斜反相器	**5/6**	5/3	5/4
高偏斜 2-输入与非门	**1**	2	3/2
高偏斜 2-输入或非门	**3/2**	3	9/4
低偏斜反相器	4/3	**2/3**	1
低偏斜 2-输入与非门	2	**1**	3/2
低偏斜 2-输入或非门	2	**1**	3/2

注：每个门的重要势都被标记为粗体，习题 7.3 会使用这些值进行推导。

　　一个门可以偏斜多大？换言之，非关键晶体管可以做多小？过度的偏斜只会使关键转换的逻辑势做轻微的改进，但会使非关键的转换严重放慢。而且也很难设计这种门的版图，如果边沿速率变得过慢，还会受到热电子可靠性问题的影响。一个合理的选择是让非关键晶体管的尺寸变为它们在常规门中的一半，如图 7.4 所示。因此，选择 P/N 为 $r = 2k\gamma$ 的高偏斜门和 P/N 为 $r = (1/2)k\gamma$ 的低偏斜门。

7.2.2　γ 和 μ 对逻辑势的影响

　　在继续下面的内容之前，先探讨形状因子比值 γ 和迁移率 μ 对逻辑门逻辑势的影响。当 $\gamma = \mu$ 时，常规门拥有相等的上升和下降时间。典型 CMOS 的工艺制程中，μ 的值一般为 2~3，γ 往往会取小于 μ 的值以节省面积，而且可以提升平均速度。表 7.1 中列出的值，不会影响常规门的平均逻辑势，但是会导致不同的

上升和下降延迟,从而使上升转换的逻辑势比下降转换的大。对比具有相同输入电容的反相器的平均输出电流,就能够计算出这种(偏斜门的)逻辑势。分析显示当 $\gamma < \mu$ 时,逻辑门的上升(转换的逻辑)势比平均逻辑势的值大了 $2\mu/(\mu+\gamma)$ 倍,下降转换的逻辑势小了 $2\gamma/(\mu+\gamma)$,而这个平均逻辑势在 $\gamma = \mu$ 时可计算出。

当 $\gamma < \mu$ 时,偏斜门拥有更大的上升势和更小的下降势。这个结果在最初看上去似乎违反直觉。举例来说,一个高偏斜或非门,其 γ 值为 2,如图 7.4 所示,如果工艺制程的迁移率为 $\mu = 3$,则上升势为 9/5,这实际上比常规偏斜或非门的平均势值 5/3 要大!这是否意味着高偏斜门比常规的或非门要差?这个困惑的关键在于高偏斜门只用于关键的上升转换,而且应当与常规偏斜门的上升逻辑势相比较,此时值为 2。因此和预期的一样,高偏斜门比普通的门在上升转换时表现得更加优异。

类似地,低偏斜门可能会呈现超出预期的小的下降势。动态门的逻辑势在下降转换时,要比 $\gamma = \mu$ 时逻辑势的值要低。动态门将会在 8.2 节中进一步讨论。

7.3　优化 CMOS 的 P/N 值

不再坚持上升延迟与下降延迟一致,那么就会面临这种问题:在 CMOS 中上拉晶体管尺寸和下拉晶体管尺寸的最佳比是多少?第 4 章中的设计有相同的上升和下降延迟,其结果显而易见。众所周知,过宽的 PMOS 晶体管会增大输入电容和面积,使用小的 PMOS 晶体管,逻辑门会变得更小,而且平均速度更快,那么通过减小输入电容,以牺牲上升延迟为代价改进下降延迟是否可行?本节将会介绍,最佳平均延迟时的 P/N 刚好是上升和下降延迟相等时的 P/N 的平方根,这个最小化过程非常直接，所以最佳比是工艺参数的弱函数。

回想一下，γ 是逻辑门的 P/N，当上升延迟和下降延迟相等时其值为 $\gamma = k\mu$，其下降、上升和平均延迟比例分别为

$$d_d \propto (1+r)$$

$$d_u \propto \frac{k\mu}{r}(1+r) \qquad\qquad (7.11)$$

$$d \propto \frac{(1+\dfrac{k\mu}{r})(1+r)}{2}$$

第一项反映的是上升和下降的阻抗，第二项是电容。将式（7.11）的值设置为 0，表示最小的平均延迟，形成关于 r 的方程，推导后得出

$$r = \sqrt{k\mu} \qquad\qquad (7.12)$$

典型的 CMOS 制程中 $\mu = \mu_n / \mu_p$ 介于 2～3，这就意味着反相器的最佳 P/N 介于 1.4～1.7。

延迟究竟对 P/N 有多敏感呢？图 7.5 绘制了 FO4 反相器的平均延迟函数在三个 μ 值下的变化曲线，此函数的自变量为反相器 P/N 值 r。此曲线假定 $P_{inv} = 1$，垂直的坐标轴以 τ 为单位，所以单扇出的反相器的 P/N 值 $r = \mu = 1$。

图 7.5 显示出接近最佳 r 值时，延迟曲线比较平坦。事实上，当 r 值为 1.4～1.7 时，FO4 反相器的延迟只比 μ 值为 2～3 时减小了 1%。当 $r = \sqrt{\mu}$ 时最小延迟也只比 $r = \mu$ 时优化了 2%～6%。这个最小化的延迟太过平凡，基于仿真的优化程序往往并不能在 $r = \mu$ 时收敛到最小值。然而，平凡的最小化也恰恰带来了方便，因为这意味着可以选择的 P/N 值跟实际工艺参数关系不大。如 $r = 1.5$ 就是个很方便的选择，因为它会提供较好的性能和相对容易的版图设计。在本书的其他章节，将采用 $r = \gamma = 2$，这也是合理的，因为延迟很小，上升和下降时间的差别并不大，还有一点是因为 2 是一个粗略计算很方便的数字。

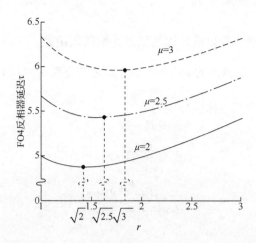

图 7.5　当 $\mu = 2$、2.5 和 3 时，FO4 反相器的平均延迟与 $r = P/N$ 延迟对比图

在 P/N 的优化中，最大益处并不是平均速度，而是对面积和功耗的降低。然而，上升和下降延迟可能根本就完全不同。但是对于短路径来说，这会引起最坏情况下的延迟比平均延迟明显大得多。同样，某些特定的电路比如时钟驱动电路，就需要相等的上升和下降时间，即 $r = \mu$。

其他的门应该使用 $r = \sqrt{k\mu}$ 计算 P/N。对于 2-输入与非门，典型的值为 $r = 1$，对于反相器和多路器，值为 1.5，对于 2-输入或非门，值为 2，如图 7.6 所示。比较这些设计与图 4.1 中的类似设计后，就能发现这种或非门电路的面积和功耗节

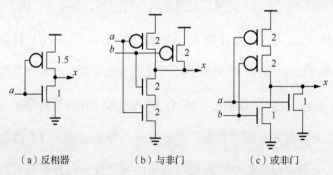

（a）反相器　　　　　（b）与非门　　　　　（c）或非门

图 7.6　$\mu = 2$ 时，采用 P/N 值 $r = \sqrt{k\mu}$ 来裁剪图 4.1

晶体管网络以减小面积和平均延迟

省特别多。γ 是参考反相器的 P/N 值 r，通常情况下，其他的门都采用 $r = k\gamma$ 作为 P/N 值。然而，可以发现，就根据最佳平均延迟调整尺寸而言，这种做法不再正确。

<h1 style="text-align:center">7.4　本　章　小　结</h1>

本章阐述了如何将逻辑势理论应用到上升和下降延迟不同的逻辑门的设计中，为这种逻辑门分配了不同的上升和下降逻辑势，并将反相器的平均逻辑势规范为 1。还介绍了两种不同的方式来设计上升和下降延迟不相等的路径：

（1）假定每个逻辑层级都有上升和下降的平均延迟值（见 7.1 节），可以不加修改地使用逻辑势技术来设计，但通过网络的最大延迟可能会比平均延迟稍大一点。

（2）使用实例分析来最小化特殊转换的延迟，要求该转换在网络中传播非常快（见 7.2 节）。传播此转换的延迟减少的代价是其他转换的补偿延迟增大，（这种技术设计的）偏斜门可以用来加快一个特定的关键转换。

对延迟的分析同样会牵涉针对最佳 r 值的计算，r 为上拉晶体管与下拉晶体管的宽度比。当 $r = \mu$ 时，会在反相器中产生相等的上升与下降延迟，$r = \sqrt{\mu}$ 时的设计所产生的平均延迟稍微小一些。当 $r = 1.5$ 时，设计的反相器在较宽制程范围内的最小延迟只有 1% 以内的波动，并且跟上升和下降延迟相等的电路相比，可以大幅减小电路所占面积和功耗。上升和下降延迟的不同会造成门的逻辑势略微不同。简单起见，使用第 4 章中计算出的逻辑势值就已经够好了，但也可以从仿真和直接测量中得到更加精确的逻辑势值。

在应用本章的分析时应当小心谨慎。当输入信号具有不同的上升和下降转换时间时，这里的简单 MOS 逻辑门延迟模型的精确度不足，必须使用更加精确的延迟模型来提升精确度，比如 Horowitz 提出的模型（Horowitz，1983），即显式地考虑输入转换的上升时间来预测逻辑门延迟。

7.5 习　　题

[15] 7.1　简述高偏斜、低偏斜的 3-输入与非门和 3-输入或非门，它们在关键转换中的逻辑势分别是多少？

[20] 7.2　表 7.1 中 γ 和 μ 不相等，根据表中参数推导出逻辑门的上升、下降和平均逻辑势。

[20] 7.3　通过表 7.2 中偏斜门的逻辑势值，推导出其上升、下降和平均逻辑势。

[20] 7.4　推导图 7.5 中"延迟-γ"的曲线表示的信息。

[15] 7.5　证明方程（7.12）。

第8章 电路系列

目前为止，逻辑势主要用于分析静态 CMOS 电路。高性能的集成电路往往还使用其他电路系列来达到更高的速度，代价是功耗、噪声容限和设计效率。这一章将介绍不同电路系列中各种门电路的逻辑势计算方法，进而讨论电路优化方式，首先检测伪 NMOS 逻辑及与之非常接近的对称或非门，接着深入研究多米诺电路，最后将传输门与驱动结合成一个复杂门来分析传输门电路。

逻辑势方法仅仅适用于逻辑门，而不是任意的晶体管网络。逻辑门有一个或多个输入和一个输出，并符合下列的约束条件：

（1）每个晶体管的栅极只能连接到输入、电源和输出。

（2）输入只能连接到晶体管栅极。

第一个条件排除了那些看起来像单个门的多重逻辑门，第二个条件防止输入与晶体管的源极或漏极连接，比如传输门就没有显式的驱动。

这些电路系列中"反相器"设计可能与静态电路系列的不同，但其逻辑势分析过程将继续使用静态电路系列中的反相器作为参考（图 4.1），保留共有参考可以对不同电路系列的电路进行分析。反之，如果每个电路系列都定义一个仅适用于自身的反相器逻辑势，那么分析混合电路就需要从一个电路系列的逻辑势到另一个转换。为了确定一条路径的最佳层级数，还需考虑该层级可能不包含静态反相器，而是特定电路系统的"反相器"。此外，使用公共参考反相器可能会遇到逻辑势小于 1 的门，也就是说相比静态反相器，这种门在压控放大方面的效率更高。实际上，可以找到比静态 CMOS 具有更低逻辑势的电路系列。

8.1 伪 NMOS 电路

静态 CMOS 门速度慢的原因是每个输入都必须驱动 NMOS 和 PMOS 的晶体管，在任何（上升/下降）转化中，要么上拉网络要么下拉网络处于激活态，非活跃网络的输入电容成为该输入的负载，此外 PMOS 晶体管具有很低的迁移率而且必须比 NMOS 晶体管更宽，这样才可以获得可观的上升和下降延迟，进而增加输入电容。伪 NMOS 电路和动态门不使用输入引起的 PMOS 晶体管负载以提高速度。本节将分析伪 NMOS 门，8.2 节中将探索动态门。

伪 NMOS 门同静态门很相似，只是将慢速的 PMOS 上拉栈用一个单端接地的 PMOS 晶体管来代替，这个 PMOS 就充当了一个上拉电阻。有效的上拉阻值足够大时，NMOS 晶体管才能将输出拉低接近地线，也就是低到足以快速拉高输出。

（这种方式）必须考虑制造的差异，所以相关的 PMOS 和 NMOS 的迁移率需要留有余量。图 8.1 显示的就是几种伪 NMOS 门，它们的下拉晶体管的强度约为上拉晶体管的 4 倍。

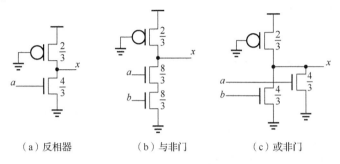

（a）反相器   （b）与非门   （c）或非门

图 8.1   假定 $\mu = 2$ 且下拉和上拉的强度比为 4∶1 时几种伪 NMOS 门

在 7.1 节中讲到的分析方法可以应用到伪 NMOS 设计中。逻辑势由输出电流和输入电容相当于图 4.1 的参考反相器的相关值求得，根据如图 8.1 所示尺寸规格，可以得到如下的逻辑势：PMOS 晶体管产生的电流相当于参考反相器的 $1/3$，NMOS 晶体管栈产生的电流相当于参考反相器的 $4/3$，所以对于下降转换，输出电流为当前下拉电流减去上拉电流，也就是 $4/3 - 1/3 = 1$；对于上升转换，输出电流为上拉电流的 $1/3$。

反相器和或非门的输入电容为 $4/3$。下降（转换的）逻辑势是输入电容除以具有相同输出电流的反相器的输入电容，也就是 $g_d = (4/3)/3 = 4/9$。而上升逻辑势是下降的 3 倍，$g_u = 4/3$，因为上升转换产生的电流输出只有下降转换的三分之一。平均逻辑势为 $g = (4/9 + 4/3)/2 = 8/9$，与输入个数无关，这也就解释了为什么伪 NMOS 可以构造更快更宽的或非门。表 8.1 显示的是假定 $\mu = 2$ 和下拉和上拉能力比为 4∶1 时，其他伪 NMOS 门的上升、下降和平均逻辑势。将这些与表 4.1 做比较可以发现，伪 NMOS 选择器比 CMOS 选择器稍微好一些，而伪

NMOS 与非门却比 CMOS 与非门差一些。因为伪 NMOS 门逻辑在非开关状态时也需要耗电，因此最好将其用于关键或非门，此时才能显示出巨大的优势。

表 8.1　伪 NMOS 门的逻辑势

逻辑门类型	逻辑势 g		
	升高	降低	平均
2-输入与非门	8/3	8/9	16/9
3-输入与非门	4	4/3	8/3
4-输入与非门	16/3	16/9	32/9
n-输入或非门	4/3	4/9	8/9
n-输入选择器	8/3	8/9	16/9

类似的分析可以计算其他电路设计技术的逻辑势，比如经典的 NMOS、双极型和砷化镓。逻辑势应当标准化，这样无论哪种技术中反相器的平均逻辑势都为 1。

Johnson（1988）提出了一种 2-输入或非门的新结构，如图 8.2 所示。这个门由输出合并到一起（shorted）的两个反相器组成，P/N 型晶体管的比会使一个反相器的下拉功耗超过另一个反相器的上拉功耗，此比与伪 NMOS 门中用到的比完全一致。但不同的是，当输出应该上升时，两个反相器会同时上拉，提供比一个常规的伪 NMOS 门更多的电流。

每个输入端的电容为 2。最坏情况的下拉电流与单位反相器的电流相等，已经在伪 NMOS 或非门的分析中探讨过，上拉的电流来源于两个平行的 PMOS 晶体管，值为单位反相器的 2/3。因此，下降输出的逻辑势为 2/3，上升输出的逻辑势为 1，平均值为 $g = 5/6$，比伪 NMOS 的或非门更好，而且远远超过静态 CMOS 的或非门。

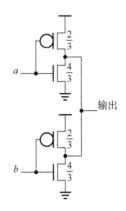

图 8.2 Johnson 提出的 2-输入对称或非门

Johnson 同样展示了对称结构在更宽的或非门中的使用方式,甚至可以将其用于与非门。习题 8.3 和习题 8.4 考察对这种结构的设计以及其逻辑势的计算。

8.2 多米诺电路

伪 NMOS 门消除了负载输入的 PMOS 晶体管,但代价是静态功耗以及上拉/下拉晶体管的连线浪费。动态门拥有更佳的逻辑势以及更低的功耗,采用钟控预充电晶体管来代替始终导通的上拉晶体管。动态门预充电为高电位,在通过 NMOS 栈后可能变为低电位。

如果一个动态反相器直接驱动另一个,竞争冒险会使结果出错。当时钟上升时,两个输出都会充电到高电平。那么对第一个门加上的高输入会引起其输出变低,但是第二个门的输出会因为初始输入为高同样也变低。因为第二个输出在计算中将不再上升,这个电路就产生错误的结果,如图 8.3 所示。多米诺电路通过在两个动态门之间添加一个反相静态门来解决这个问题,这样对于每一个动态门来说初始输入都为低,此时通过逻辑门链的下降动态输出和上升静态输出依次起伏，就像推翻多米诺骨牌一样。典型情况下，因为动态门在产生相同输出电流时所需要的输入更低并拥有更低的开关门限，而且静态门可以通过偏斜技术来偏向关键的单调上升计算，多米诺逻辑比静态 CMOS 逻辑快 1.5 至 2 倍。

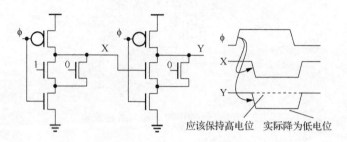

图 8.3　动态门无法直接级联

图 8.4 显示了一些多米诺门。每个多米诺门都由一个动态门紧接着一个静态反相门组成，所以多米诺门其实是指两个层级，而不是一个单独的门——但是在表述上已经被大家接受了。静态门通常是反相器，但也并非总是如此，因为当动态门的输出在计算期间单调下降，正如 7.2.1 节中所讨论的，静态门应该采用高偏斜门来偏置上升输出，如图 8.4 所示，将这种门标记为高（H）。前面已经计算过高偏斜门的逻辑势，如表 7.2 所示，下一节将计算动态门的逻辑势，将动态门和高偏斜门的逻辑势做乘积，以求得多米诺门的逻辑势。需要注意的是，在选择最佳层级数时，多米诺门算作两个层级。

动态门在设计时可以选择钟控的计算（evaluation）晶体管，也可以不选择，这个额外的晶体管会减慢门的速度，但在预充电过程中输入保持为高时，可以避免任何连接电源和接地的路径。一些动态门含有称为保持器的弱 PMOS 晶体管，其功能是时钟不在高电位时，动态门的输出会保持在驱动状态。

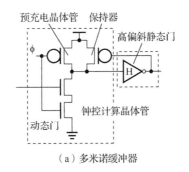

（a）多米诺缓冲器

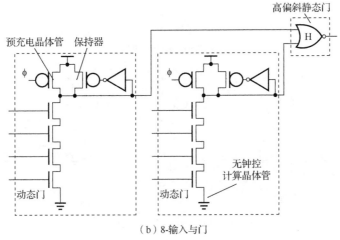

（b）8-输入与门

图 8.4　多米诺缓冲器和 8-输入与门

多米诺设计者在选择电路拓扑结构时面临着一系列的问题。多少层级最合适？静态门应该只用作反相器，还是实现某种逻辑功能呢？预充电晶体管和保持器应该有多大的尺寸？如果不使用钟控计算晶体管有什么好处？后面将会介绍多米诺逻辑的层级势应该为 2～2.75，而不是静态逻辑的 4。因此倾向于将路径划分为更多的层级，而且令作为反相器的静态门实现逻辑功能并不会带来多少益处。

8.2.1　动态门的逻辑势

动态门的逻辑势可以像计算静态门那样去计算。图 8.5 显示的一些动态门，其 NMOS 栈的尺寸已做调整，输出电流与单位反相器的电流相同。预充电通常不是电路上的关键操作,因此只有下拉电流才会影响逻辑势,其逻辑势见表 8.2。

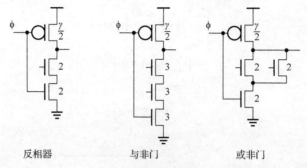

（a）有钟控计算晶体管的动态门

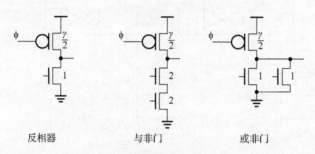

（b）无钟控计算晶体管的动态门

图 8.5   有/无钟控计算晶体管的动态门

表 8.2   动态门的单逻辑势

逻辑门类型	有无钟控晶体管	公式	$n = 2$	$n = 3$	$n = 4$
反相器	有	2/3			
	无	1/3			
与非门	有	$(n+1)/3$	1	4/3	5/3
	无	$n/3$	2/3	1	4/3
或非门	有	2/3	2/3	2/3	2/3
	无	1/3	1/3	1/3	1/3
选择器	有	1	1	1	1
	无	2/3	2/3	2/3	2/3

逻辑势部分地解释了动态门比静态门快的原因。在静态门中，大部分输入电容都浪费在了慢速的 PMOS 晶体管上，这在门的下降转换中甚至不起作用。因为动态门中所有输入电容都投入到关键的下降转换了，因此动态反相器的逻辑势是静态反相器的 1/3。

前面介绍的用于估计逻辑势的简单模型，在动态门分析时会失效，除了动态门速度快之外还有两个原因。其一是动态门具有更低的开关门限：动态门的输出会在输入上升至 V_t 时就开始转换，而不是上升到 $V_{DD}/2$ 才转换。其二是速率饱和使得长 NMOS 栈的电阻要低于电阻模型的预测值，因此，仿真所显示的结果比表 8.2 所预测的逻辑势要更低一些。

动态或非门比与非门的逻辑势要低，而且其势与输入个数无关。这与静态 CMOS 门是相反的，这也使得设计者尽可能地选择宽的或非门。

8.2.2　多米诺电路的层级势

在 3.4 节中发现静态 CMOS 路径的最佳层级势是 4，这个结果基于的事实为：额外的放大（amplification）由一串逻辑势为 1 的反相器来提供。多米诺路径稍有不同，因为额外的放大可由逻辑势低于 1 的多米诺缓冲器提供，故添加更多的缓冲会减小路径势 F。因此，期望可通过更多的层级来使多米诺路径受益，即多米诺路径的最佳层级势 ρ 更低。这一节将计算出这个最佳层级势值。

这里讨论的问题可以与 3.4 节中的做对比，从一个层级数为 n_1、势为 F 的路径开始考虑，再给它添加 n_2 个额外的层级，获得一个总层级数为 $N = n_1 + n_2$ 的路径。这一次所添加的并不是静态反相器，而是具有两个层级的多米诺缓冲。总体

上来说，这些额外层级的逻辑势为 g，寄生延迟为 p。因此这个额外门改变了路径势，路径的最小延迟为

$$\hat{D} = N\left(Fg^{N-n_1}\right)^{1/N} + \sum_{i=1}^{n_1} p_i + \left(N - n_1\right)p \qquad (8.1)$$

微分解 $\hat{N}$，就能求出最小延迟（参见习题 8.5）。当寄生延迟非零时，计算最佳层级势 $\rho(g,p)$ 的方法也很方便，这个值取决于额外层级的逻辑势和寄生延迟。数学推演非常烦琐，但是最终得到的结果非常简洁：

$$\rho(g,p) = g\rho\left(1, \frac{p}{g}\right) \qquad (8.2)$$

式中，$\rho(1, p_{\text{inv}})$ 代表的是给定反相器寄生延迟后，由方程（3.25）计算求得的最佳层级势，函数图像见图 3.4。这个结果只取决于被添加的层级本身的特性，而与原始路径中的其他性质无关。

将上述结论应用于多米诺电路，此时额外层级为多米诺缓冲。首先来分析缓冲每个层级的逻辑势 g 和寄生延迟 p。由于缓冲由两个部分组成，所以每个层级的平均逻辑势就是这两个层级逻辑势的平方根。而每个层级的平均寄生延迟就是两个层级寄生延迟的一半。

具有钟控计算晶体管的多米诺缓冲如图 8.4 所示，逻辑势可以根据表 8.2 和表 7.2 计算，值为 $(2/3)\times(5/6)=10/18$。计算输出端上的扩散电容时，高偏斜静态反相器的寄生延迟估值为 $(5/6)p_{\text{inv}}$，由串联晶体管组成的动态反相器的寄生延迟估值为 p_{inv}，两个层级的寄生延迟总共为 $5/6+1=(11/6)p_{\text{inv}}$。因此，每个层级的平均逻辑势为 $g = \sqrt{10/18} = 0.75$，每个层级的平均寄生延迟为 $p = (11/6)p_{\text{inv}}/2 = 0.92p_{\text{inv}}$，如果 $p_{\text{inv}}=1$，那么最佳层级势为 $\rho(0.75, 0.92) =$

$0.75\rho(1,0.92/0.75)=2.76$。将同样的计算过程应用到没有钟控计算晶体管的动态反相器中，可以得到每个层级的平均 $g=0.52$ 和 $p=2/3$，而产生的最佳层级势为 2.0。

总的来说，具有钟控计算晶体管的多米诺路径层级势大概为 2.75，而不是静态路径中的 4。如果层级势高一些，可以添加更多的层级来改进路径；如果层级势低一些，需要多个逻辑组合成更复杂的门来改进路径。类似地，无钟控计算晶体管的多米诺路径的层级势应该为 2.0。因为忽略所有的钟控计算晶体管并不现实，大多数多米诺路径将钟控动态门和非钟控动态门混合在一起，所以它们的逻辑势在 2～2.75。就静态逻辑来说，最佳延迟与路径势弱相关，因此设计者可以自由地偏离最佳层级势而不会带来严重的性能损失。接下来的例子将会更直观地显示静态和多米诺路径设计的异同点。

例 8.1　假设输入电容为 1 单位，设计一个串联反相器组，使其可以驱动 256 个单位负载。请使用静态和多米诺两种方式。

解　静态设计的路径势为 $F=256$，因此它需要具备 $\log_\rho F=4$ 个层级（$\rho=4$），四个层级中的每一个都具有层级势 $f=256^{1/4}=4$。

基于多米诺的设计的路径势取决于层级数。一个 $2n$ 个层级的路径由 n 个多米诺缓冲构成，已知多米诺缓冲的逻辑势是 $10/18$，路径势为 $F=256(10/18)^n$。最佳的层级数可求解 $f=F^{1/(2n)}=\rho$ 得到，对于多米诺路径，取值 $\rho=2.75$，计算得 $2n=4.25$ 个层级，所以同样选择四层级的设计，此时层级势为 $F=\left(256(10/18)^2\right)^{1/4}=2.98$，与目标势 $\rho=2.75$ 接近。

这两种设计如图 8.6 所示。门的尺寸的选择依据是保证层级势相等，但这样会引起多米诺设计的电气势不相等，因为动态和高偏斜反相器具有不同的逻辑势。这两种情况下每一对层级的电气势都是 16，这表明在一个缓冲链中，各层级的最佳平均电气势仅取决于寄生参数，与电路系列无关，都应当为 4。对于最佳层级势，多米诺电路要比静态电路低，因为多米诺门具有更低的逻辑势。下一个例子将会考虑一个同时包含静态逻辑和多米诺缓冲的路径。

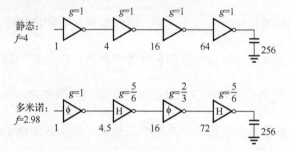

图 8.6   静态缓冲器和多米诺缓冲器

例 8.2   同时采用静态和多米诺电路，设计一个 16-输入或门放大器，如图 8.7 所示。

解   观察可以发现或门是由四个 4-输入或非门驱动一个 4-输入与非门。正如将会在 11 章中介绍的，最好将这个门分解成多个层级，每个层级的逻辑门都有较少输入，但是此时对这个例子而言，将保持给定的结构不变并添加反相器。

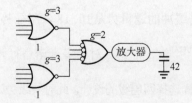

图 8.7   驱动大负载的 16-输入或门

对于静态设计，路径势为 $F = 42 \times 3 \times 2 = 252$，因此应该采用一个四层级的设计，层级势大约为 4。

对于多米诺设计来说，总体上仍保持或门结构，只是简单地增加 n 个多米诺缓冲，放大器的路径势随着缓冲的增加而减少。表 8.3 显示了不同设计的路径势和层级势，由于最佳层级势为 $\rho = 2.75$，因此单放大器和双放大器设计是合理的，这里选择单个多米诺放大器，这种方式需要的逻辑门较少，可以减小面积和降低功耗。

表 8.3   具有 n 个多米诺缓冲的 16-输入或门的路径势和层级势

n	F	f
0	252	15.9
1	140	3.43
2	77	2.06
3	42	1.60

图 8.8 显示了两种设计，并标注了各个门的尺寸。请注意，大部分的电气势都是由多米诺放大器承载，而不是静态电路，因为相比于或门来说，多米诺缓冲比静态缓冲的放大效果更优。

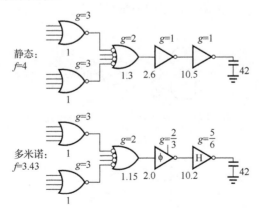

图 8.8   由静态和多米诺放大器构成的 16-输入或门

8.2.3 设计特定逻辑的静态门

可以发现，一个动态门后面的高偏斜静态门，要么是一个反相器，要么是一个复杂的功能器件。那么在什么情况下构建一个特定逻辑的高偏斜门要比直接使用一个反相器更优？起初，静态反相器给人感觉很浪费，它只传播延迟而且不执行逻辑功能。然而，逻辑势主要表明，一个路径的最佳层级取决于路径势，而且使用较少数量的层级会使得整个路径变慢而不是变快。这一节中会介绍用复杂的门去代替反相器并不会有太大的益处，这些内容稍微复杂，也略微牵涉到本章的其余部分了，所以对多米诺设计不是特别感兴趣的读者，可以跳过这部分。

考虑一个具体的实例，即两种方式来构建 8-输入多米诺与门，如图 8.9 所示。如图 8.9（a）所示设计的组成为动态 4-输入与非门、反相器、动态 2-输入与非门和反相器；如图 8.9（b）所示设计的组成为动态 4-输入与非门和高偏斜 2-输入或非门。哪一个更佳？当使用高偏斜门时，路径的逻辑势往往更大，然而若高偏斜门减少总层级数，它就可以减小寄生延迟。如果此设计的层级势很小，那么用更少的层级会使路径变得更快；若层级势很大，则第一种设计更好。本节将量化"小"和"大"，来建立一套选用静态逻辑门的指导原则。

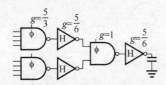

（a）动态4-输入与非门、反相器、动态2-入与非门和反相器

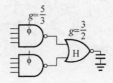

（b）动态4-输入与非门和高偏斜2-输入或非门

图 8.9　两种 8-输入多米诺与门的设计

可以用 8.2.1 节的结果来解决这个问题，即选择合适的拓扑来达到层级势 $\rho = \rho(g, p)$，g 和 p 在这个等式中代表着什么？在 8.2.1 节中，这是在路径中添加的额外反相器的逻辑势和寄生延迟。大体上来说，当比较两条不同长度的路径时，它们描述了较长的那条路径所多出来的"东西"。通过对比长短路径中逻辑势的比和寄生延迟的不同，可以发现较长路径中额外的"东西"。根据较长路径中额外的层级将这个额外的"东西"分割，就可以找到平均的逻辑势和寄生延迟，也就是 g 和 p。综上，当比较 n_1 和 $n_1 + n_2$ 个层级的路径时，其逻辑势和寄生延迟分别为 g_1、p_1 和 g_2、p_2，所以 $g = (g_2 / g_1)^{1/n_2}$，$p = (p_2 - p_1) / n_2$。若层级势小于 $\rho(g, p)$，短路径更优，也就是说由静态门构成层级更有优势；若层级势高于 ρ 的，长路径更优。接下来的例子会说明此计算。

例 8.3 图 8.9 所示设计中，在路径的电气势为 1 时，哪个设计更优？如果路径的电气势为 5 呢？

解 可以通过计算每个设计的延迟，而后直接比较速度来解决上述问题。这里将使用本节中推导出的层级势标准来分析。如图 8.9（b）所示设计到如图 8.9（a）所示设计的逻辑势的变化为 $\dfrac{(5/6) \times 1 \times (5/6)}{3/2} = 0.46$，此变化表现在两个额外的层级中，因此每个层级的逻辑势为 $g = \sqrt{0.46} = 0.68$。虽然可以精确地计算出寄生延迟，但是回顾寄生延迟的整个范围，使用 $\rho(1, p) = 4$ 来计算会得到更好的结果，所以 $\rho(0.68, p/0.68) = 0.68\rho(1, p) \approx 0.68 \times 4 = 2.72$。若层级势低于 2.7，那么如图 8.9（b）的设计是最佳的，若高于 2.7，则如图 8.9（a）的设计为佳。

如图 8.9（b）的设计的逻辑势为 $(5/3) \times (3/2) = 2.5$，因此路径势为 $2.5H$，层级势为 $\sqrt{2.5H}$。如果 $H = 1$，则层级势为 1.6，故如图 8.9（b）的设计最佳。如

果 $H = 5$，那么层级势为 3.5，如图 8.9（a）的设计是最佳的。

对于简单的例子来说，上述的方法过于繁杂，比较延迟会更加容易。这里介绍的方法的优势在于其给出的本质：只有在层级势低于 2.7 时，构建静态逻辑门才有意义，蕴含了设计的路径的层级太多了，使用更复杂的动态门来减少层级数是最佳的实现方案。通过简单的计算就可以看出，四个串联晶体管接上一个高偏斜反相器构成的动态门，其逻辑势通常要比用一个较小的动态门外接一个静态门构造的同样功能的门的逻辑势低。一个例外是很宽的动态或非门和选择器，将它们拆分成很多高偏斜与非门驱动的块时，减少了寄生延迟，提升了速度。

综上所述，在多米诺逻辑门的静态层级中，构建复杂逻辑的益处很少。如果一个多米诺路径的层级势低于 2.7，路径可以通过减少层级数量来改进。设计者应当先考虑使用最多由四个串联晶体管构造的复杂动态门，如果层级势仍然低于2.7，设计者才应该考虑将某些静态反相器用更复杂的静态门代替。

8.2.4 设计动态门

除了逻辑晶体管外，动态门还用晶体管来控制预充电和计算以及防止输出浮置。每个晶体管应该为多大？

预充电晶体管的尺寸影响着预充电的时间。动态门尺寸调整的一个合理目标是，调整后的动态门行为类似低偏斜门，此时 PMOS 晶体管可获得下拉栈一半的电流。图 8.5 使用的就是这种尺寸。

关于计算晶体管，设计者有几种选择。如果电路的输入在预充电过程中没有接地路径，那么省略钟控计算晶体管是安全的。即便在预充电过程的部分环节中存在着接地的路径，如果可以接受额外的功耗损失，并且预充电晶体管足够强，

可以在规定的时间内将输出拉高到可以接受的水平，那么计算晶体管也是可以被
移除的。

　　当钟控计算晶体管必不可少时，它的尺寸应该多大呢？一个合理的选择是让
钟控计算晶体管和动态门晶体管的尺寸相同。为了更高的速度，时钟器件可以做
得更大，就像非平衡的门为了偏向关键输入，而以非关键输入为代价一样。例如，
如图 8.10 所示的动态反相器，其始终下拉晶体管尺寸是图 8.5 中的 2 倍。因为输
入晶体管更小，总下拉电阻和常规反相器相等，因此逻辑势只有 4/9，比常规下拉
晶体管的逻辑势（值为 2/3）好得多，接近于无下拉时钟动态门的逻辑势（值为
1/3）。大时钟晶体管的主要代价就是额外的时钟功耗。因此，非平衡量较小时，
如 1.5 或 2 倍，性能最佳。

　　一些动态门使用保持器来防止在计算过程中输出浮置高电位，如图 8.11 所示。
保持器也略微改进了动态门输入的噪声容限，但输出的噪声容限受影响略小，因
为输出的噪声容限通常都太小而难于快速响应。保持器的缺点是它们在最初会抵
抗下降输出，并且会使动态门减速。那么，保持器的尺寸应该多大呢？

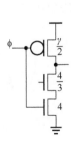

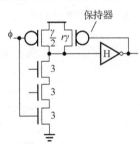

图 8.10　具有 2 倍尺寸钟控计算晶体管的　　　　图 8.11　动态门上的保持器
　　　　　动态反相器

　　在计算的过程中，保持器的电流要从下拉栈的电流中扣除。如果保持器的电
流与下拉栈的电流比为 r，则动态门的逻辑势增加 $1/(1-r)$。因此，一个合理的

经验法则就是将保持器的尺寸设定为下拉栈强度的$1/4$至$1/10$。对于小型的动态门，这就意味着保持器必须比最小尺寸器件还要弱。增强保持器的通道长度会使它们变弱，但是同时也增加了反相器的负载电容。一个更好的办法是将保持器拆分成两个串联的晶体管，如图 8.12 所示，既减小了反相器的负载，也减小了保持器的电流。

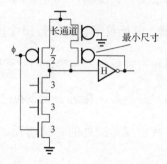

图 8.12　拆分成两部分的弱保持器

8.3　传　输　门

将传输门纳入驱动它的逻辑门中，就可以采用逻辑势方法分析许多传输门电路。图 8.13 显示的就是驱动着一个传输门的反相器，还给出了相同电路的另一种绘制形式。第二个电路本质上是选择器的一条支路，见图 4.4。

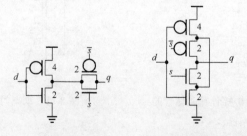

（a）驱动传输门的反相器　　（b）相同电路的另一种绘制形式，可作为独立逻辑门进行逻辑势的分析

图 8.13　驱动传输门的反相器及其相同电路的另一种绘制形式

传输门中的 PMOS 和 NMOS 晶体管在宽度上可以相等，因为两个晶体管并行驱动输出。众所周知，NMOS 晶体管擅长将输出拉低，不擅长将输出拉高；而 PMOS 晶体管的能力与之相反。图 8.14 显示了传输门的模型，图中用两个并联的电阻来表示两个晶体管。假定 PMOS 晶体管的迁移率是 NMOS 晶体管的一半，当一个晶体管向其不擅长的方向拉动时，电阻值是其向擅长方向的 2 倍。该图显示了即便 PMOS 和 NMOS 晶体管的宽度相等，传输门的有效上拉和下拉电阻值也几乎相等。简单起见，忽略稍小的下降转换电阻，把它建模成一个电阻值为 R 的传输门，像理想的 NMOS 晶体管一样可以相等地拉高和拉低。更大的 PMOS 晶体管会稍微提升驱动上升输出的电流，但是会显著地增加扩散电容，这会减慢所有的转换并且增加选择端输入的负载。

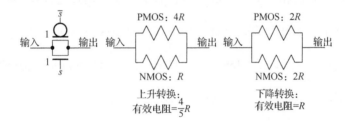

图 8.14　由单位 NMOS 和 PMOS 晶体管构成的传输门及其上升、下降转换的等价模型

采用图 8.14 所示的模型后，图 8.13 中的电路在上升和下降转换时的驱动都等于反相器。输入 d 的逻辑势为 2，而 s^* 的逻辑势只有 $4/3$，簇 s^* 包括 s 和它的补 $\bar{s}$。相对于常规的三态反相器，s^* 端的逻辑势改善是以增加扩散电容为代价的，这种改进并未让传输三态门比常规三态门有多大优势。

总体来说，调整传输门电路尺寸时，PMOS 和 NMOS 晶体管尺寸相同，其输出电流与参考反相器的输出电流相等。只要延迟方程，如方程（3.8），能描述出传输门电路的延迟，逻辑势方法就可以用。然而，寄生电容会随着串联传输门的增加而大幅度增加，因此实际电路中，传输门的数量一般会限制在两个以内。

在表征包含传输门电路时，一个普遍的错误就是测量传输门从输入端到输出端的延迟。这使得传输门看上去非常快，特别是输入由电压源驱动的时候。但是如逻辑势分析所示，由于传输门拖延了它的驱动，唯一有效的表征方式是与驱动它的逻辑门结合在一起分析。

8.4 本 章 小 结

这一章引入了一些新的概念，比如最佳层级势、非平衡门以及不相等的上升下降延迟，来分析电路系列而非静态 CMOS。量化这些电路系列的逻辑势，可以更加清楚地理解它们相对于静态 CMOS 的优势，从而选择更有效的拓扑结构。

首先测试了与上升/下降转换比相关电路，比如伪 NMOS 门，分别计算了上升和下降逻辑势。分析显示"Johnson 对称或非门逻辑"的确是一种极其有效的提高或非门功能的方式，只是有些额外的功耗。

接下来又介绍了多米诺电路，并且得到了在考虑额外层级的情况下关于一条路径的最佳层级势的重要结果，见方程（8.2）。由此方程可知，动态电路的最佳逻辑势在 2～2.75，取决于所使用的钟控计算晶体管。这个方程同样也揭示了将电路拆解成由更简单门组成的多个层级的最大收益的时机，即只有当动态门非常复杂且层级势仍然低于 2.7 时，电路应当将逻辑功能实现到静态门中。

最后又探索了传输门电路。传输门电路的逻辑势，可以通过将驱动和传输门合并为一个复杂的门得到。忽略驱动是一个常见的陷阱，这会让传输门表现得比它们实际的速度要快。

8.5　习　　题

[20] 8.1　推导表 8.1 所示的伪 NMOS 门的逻辑势。

[20] 8.2　设计一个 8-输入与门，其电气势为 12，使用伪 NMOS 逻辑。如果一个 n-输入伪 NMOS 或非门的寄生延迟为 $(4n+2)/9$，那么路径延迟为多少？与 2.1 节的结果相比较如何？

[25] 8.3　设计一个 3-输入对称或非门。要求裁剪反相器的尺寸，使下拉能力是网络中最坏情况时上拉能力的 4 倍。平均逻辑势是多少？与伪 NMOS 或非门相比较如何？与静态 CMOS 或非门相比较呢？

[20] 8.4　设计一个对称的 2-输入与非门。要求裁剪反相器的尺寸，使上拉能力是下拉的 4 倍。平均逻辑势是多少？与静态 CMOS 相比较谁更优？

[30] 8.5　证明方程（8.2）。

[25] 8.6　参考 2.2 节，采用多米诺逻辑设计一个 4-16 译码器。可以假定真和补地址的输入已知。

[25] 8.7　一个 4∶1 的选择器一般会使用两级的传输门。设计这种选择器，当其输入由反相器驱动时，计算它的逻辑势。

第 9 章　放大器的叉

应用逻辑势最难的问题来自分支。当一个逻辑信号在网络中分开，沿多条不同路径流动时，必须决定如何分配可用的信号电流，那么每条路径应该分配多少主信号负载呢？一般地，拥有较高逻辑势或者电气势的路径应该承担更大的主信号驱动配额。当一个逻辑信号具有显著的寄生电容，比如说驱动一根长导线时，它也被认为具有分支，因为此信号的部分电流会给寄生负载充电，故逻辑路径获得的驱动就相应变少了。

优化带分支的网络通常需要调整路径上的分支势以均衡网络中多条路径的延迟。确定分支因素的过程，给设计方法增加了一个新的难题，引发的问题之一就是网络中的不同路径会有不同的层级数。某些情况下，分支设计问题会简单直接，例如在 2.3 节的同步仲裁问题中，分支是比较简单的。

本章内容涵括了简单但又常用的分支情形：逻辑真信号同逻辑补信号，因为这些电路图所绘制出的样子，也把它们称为叉。叉电路不但具有独特的效用，而且也是逻辑势更进一步应用的场景，许多 CMOS 电路都得用叉来实现真信号和补信号，如当图 4.4 中选择器电路的某条臂开启，它的一条控制线 s_i 变为高电平，相应地另一条 $\bar{s}_i$ 则变为低电平。图 4.5 中展示的异或门电路也需要两个输入信号的真和补形式。通常使用符号 $x.H$ 和 $x.L$ 来分别表示 x 信号的真和补形式。当 x 信号为 "TRUE" 时，$x.H$ 为高电平，同时 $x.L$ 信号为低电平；相反地，x 为 "FALSE" 时，$x.H$ 为低电平，$x.L$ 为高电平。

9.1　叉电路的形式

如图 9.1 所示，放大器叉或者一个简单的叉由拥有共同输入的两串反相器组成，一串包含奇数个反相器，另一串包含偶数个，这种形式的逻辑真信号和补信号通常要求具有一个相对较高的供电能力，特别适合于驱动选择器。例如，把整个 64 比特的（机器）字传输到总线，就需要真信号和补信号驱动所有的 64 路选择器。根据已经掌握的知识来看，以最小的延迟驱动如此大的负载需要在驱动路径上部署合适数量的反相器放大电路才可以。当每条路径上的反相器精确数目无法确定时，这个图引入了一个带有星标的反相器符号，它代表具有奇数个反相器的串；如果是一个带有星标的没有圆圈的反相器符号，则表示偶数个反相器的串。可以根据每一串上反相器的数目来命名叉，比如，一个 3-2 叉，一个串上有 3 个放大器，另一个有 2 个。图 9.2 展示了一个 2-1 叉和一个 3-2 叉。

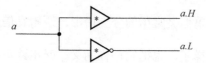

图 9.1 放大器叉的一般形式［一条叉路（fork）翻转输入信号，另一条则不翻转］

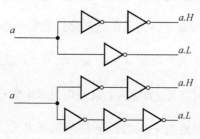

图 9.2 2-1 叉与 3-2 叉都产生相同的逻辑信号

只有在真输出信号和补输出信号同时出现时，才将成对的放大器串视为叉电路。图 2.3 中地址线的驱动便具有这个性质：无论哪一条叉路出现延迟，都会导致整体延迟的增加。正因为这样，叉电路设计的目的是每条叉路的延迟都相同。

本章假设叉的每条叉路驱动负载都相同，图 4.5 中一条驱动异或门的叉就具备这个性质，a 和 $\bar{a}$ 驱动相同的负载。然而如图 4.4 中的选择器具有不相等的负载，因为由 $\bar{s}$ 驱动的上拉晶体管比由 s 驱动的更宽。将在第 10 章讨论多输出端的电路驱动不同负载电容的情况。

叉电路设计的先决条件是输出叉路的负载和总输入电容已知。如图 9.3 所示，分别称这两个输出电容为 C_a 和 C_b，用 $C_{\text{out}} = C_a + C_b$ 表示总负载驱动，叉的总输入电容为 $C_{\text{in}} = C_{\text{in}_a} + C_{\text{in}_b}$，因此用 $H = C_{\text{out}} / C_{\text{in}}$ 描述叉电路整体的电气势。叉的整体电气势跟每条叉路的电气势可能是不同的，即 C_a / C_{in_a} 和 C_b / C_{in_b}。

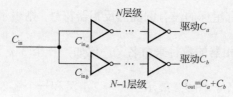

图 9.3 标记负载电容的常规叉电路

一个优化过的叉电路的输入电流可能会以不同的强度驱动两条叉路。即便是叉电路两条叉路上的负载电容一样，也并不意味着两条叉路上的输入电容应该相同。此外叉路上的放大器数目不同但操作的延迟要相同，所以它们的电气势也可能不同。一般来说，可以支持更大电气势的叉路往往拥有更多的放大器，相较于其他叉路，该叉路需要较少的输入电流，因而它的输入电容可以更小。分别设两条叉路的电气势为 H_a 和 H_b，使用图 9.3 中的记号可以得出 $H_a = C_a / C_{\text{in}_a}$，$H_b = C_b / C_{\text{in}_b}$。尽管 $C_a = C_b$，但 H_a 也可能不等于 H_b，同样 C_{in_a} 也可能不等于 C_{in_b}。

叉电路是一种平衡性的设计。加宽任何一条叉路的第一层级放大器的晶体管，都能减少这条叉路的电气势，从而使之更快。然而这样做会挪走叉电路上另一条叉路的输入电流，而这不可避免地会使这条叉路运行得更慢。事实上，一个确定的 C_{in} 值仅能提供一个固定的晶体管总宽度，而这个宽度得分布在两个叉路第一层级的晶体管上，这意味着，在一条叉路上分配宽一点的晶体管，另一条叉路的晶体管就会窄一点。一个具有最小延迟的叉电路的真正挑战是如何将 C_{in} 确定的晶体管宽度合理地分配到两条叉路的输入层级。

例 9.1　设计一个输入电容 $C_{\text{in}} = 10$，总输出电容 $C_{\text{out}} = 200$ 的 2-1 叉。叉的总延迟是多少？

解　根据图 9.3，有 $C_{\text{in}} = 10$，$C_a = C_b = 100$ 使用标记符 β 表示分配给双反相器叉路的输入电容部分，即 $C_{\text{in}_a} = \beta C_{\text{in}}$，其余分配给单反相器叉路，即 $C_{\text{in}_b} = (1 - \beta)C_{\text{in}}$。需要确定 β 的值来使两条叉路的延迟相等。对两条叉路应用方程（1.17），可以得出

$$2\left(\frac{100}{10\beta}\right)^{1/2} + 2p_{\text{inv}} = \frac{100}{10(1-\beta)} + p_{\text{inv}} \tag{9.1}$$

求此方程的数值解，得到 $\beta = 0.258$ ，因此 $C_{\text{in}_a} = 10\beta = 2.6$ ， $C_{\text{in}_b} = 10(1-\beta) = 7.4$ 。

双反相器叉路的第二个反相器的输入电容为 $C_{a2} = 2.6 \times \sqrt{100/2.6} = 16.1$ 。单反相器

叉路的延迟为 $C_b / C_{\text{in}_b} + p_{\text{inv}} = 100/7.4 + 1 = 14.5$ 。双反相器叉路的延迟为

$C_{a2} / C_{\text{in}_a} + C_a / C_{a2} + 2p_{\text{inv}} = 16.1/2.6 + 100/16.1 + 2 = 14.5$ 。从上面的计算结果可以

看出，两条叉路的延迟相等，正如预期。

例 9.2   设计一个输入/输出电容与例 9.1 一样的 3-2 叉。

解   再次用 β 表示分配给长叉路的输入电容比例，可得

$$3\left(\frac{100}{10\beta}\right)^{1/3} + 3p_{\text{inv}} = 2\left(\frac{100}{10(1-\beta)}\right)^{1/2} + 2p_{\text{inv}} \tag{9.2}$$

解方程得 $\beta = 0.513$ ，延迟为 11.1。显然这个延迟比例 9.1 的相等输入/输出电容的

2-1 叉的延迟要更小一些。

这两个例子表明，要想达到延迟最小，叉电路结构中的层级数需要调整为合

适值。这一结果并不突兀，事实上第一个设计中，由单反相器构成的叉路的势是

13.5，与最佳 ρ 值相去甚远，很显然此设计是可以优化的。所以这个结果暗示出

应该研究一种确定叉电路中最佳层级数的方法，下一节将探讨这个问题。

9.2   一个叉电路应该有多少个层级？

优化后的叉电路的各个叉路在长度上至多有一个层级的不同。回顾第 1 章中

探讨的总延迟与电气势的关系，就能得出此结论是正确的。图 9.4 形象地展示了

包含 $N-1$ 、 N 和 $N+1$ 个层级的放大器延迟与电气势的关系曲线，粗线代表在任

意给定的电气势下可能最快的放大器，因此不可能会有其他放大器会低于这条线。

如图 9.4 所示，不同的电气势对应了不同层级数来使设计最佳。

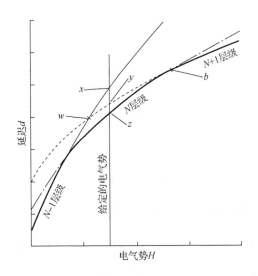

图 9.4　推导叉电路时用到的延迟-电气势曲线

设计一个叉的任务就是给定电气势,将其分配给组合起来的两条叉路的过程。在图 9.4 中,垂线表示电气势,可行的叉电路设计要求其每一条叉路都支持这个电气势。因为两条叉路必须产生真信号和补信号,它们的长度相差奇数个反相器。因此,如果一条叉路拥有 N 个层级,它的延迟可以降低到图 9.4 中标记的 z 点的值,但是另一条叉路必然有 $N+1$ 或者 $N-1$ 个层级,这样其延迟只能分别降低到图中标记的 x 点和 y 点。对于选定的电气势, y 点比 x 点更快一些,如此得到了一个两条叉路的电气势相等但延迟却不相等的叉电路。

可以通过增强一条叉路的电气势而减少另一条叉的电气势,并保持总电气势不变的方法,来提升一个叉电路。事实上,从 z 点向右侧移动的话会增加它的延迟,向 y 值左侧移动的话会减少其延迟,通过重新分配两条叉路上第一层级晶体管的宽度就能实现此目的。当然了,目标是尽可能减少运行较慢的叉路延迟,直至两条叉路的延迟相等。

在重新分配晶体管宽度的过程中存在两个可能的间断。从 z 点向右侧移动,在满足两条叉路延迟相等的条件之前，也许会达到 b 点，或者从 y 点向左移动，在两条叉路延迟相等之前，会达到 w 点。但 z 点可能无法达到 b 点，因为 y 点的延迟已经小于 b 点的延迟。如果 y 点在叉路延迟相等条件满足之前达到 w 点，就可以将层级数由 N+1 变为 N−1，继续沿 N−1 层级的曲线移动直至达到两条叉路延迟相等。不难发现，对于给定的电气势线不论怎么放置，这个优化过程最后都会产生一个叉路之间长度仅相差一个放大器的叉电路。

从图 9.4 很容易可以得出，优化后的叉电路中一条叉路的层级数恰好跟支持同样电气势的最优放大器的层级数相等。如果给定的电气势线穿过粗体的最佳曲线，而在这一曲线处第 N 层级是最合适的，则这条叉路会有 N 个层级，另一叉路拥有 N+1 或 N−1 层级。所以设计接近最佳叉的方法就是从表 1.3 中为一条叉路选择层级数，再为另一条叉路确定多一点或少一点的层级数。整个叉电路的电气势 $H = C_{out} / C_{in}$，可以作为参考，每条叉路的电气势都会接近该值。将这一方法运用到例 9.1 中，电气势 H = 20 蕴含了 3-2 叉是最佳设计。

选择叉电路的层级数的精确标准可以参考表 9.1。对于任意给定的电气势，该表会给出应该使用何种类型的叉电路，这里叉电路的电气势是所有叉路的总负载除以总输入电容。表 9.1 中的拐点介于表 1.3 的拐点之间，不难看出其必然性，表 1.3 给出了具体的电气势，即 5.83、22.3 和 82.2 等，对于这些电气势值，N 和 N−1 个串联放大器得产生相同的延迟，例如对于电气势为 22.3 的叉电路，3-2 结构是最好的，因为这种情况下 3 个放大器与 2 个放大器的延迟相等；同理对于 82.2 的电气势，4-3 结构的叉是最好的。而且，在这些特例中叉路的输入电容也相等。对于电气势介于 22.3～82.2 的，4-3 叉和 3-2 叉的结果是一样的。这些拐点记录在表 9.1 中。

表 9.1 在 $p_{inv}=1.0$ 时叉电路的拐点

逻辑势		叉电路结构
从	至	
	9.68	2-1
9.68	38.7	3-2
38.7	146	4-3
146	538	5-4
538	1970	6-5
1970	7150	7-6

不难看出表 9.1 的计算结果是如何得到的。考虑 3-2 叉和 4-3 叉产生相同的拐点。在这个拐点上，两种叉电路的延迟相同，故两个叉电路中的 3-放大器叉路必须相同，除去每个叉的 3-放大器叉路分配的电流，剩下的输入电流也一定相同，所以一个叉电路的 2-放大器叉路与另一叉电路中的 4-放大器叉路的输入电流也一定相同。也就是说，对于介于 3-2 与 4-3 叉之间的拐点，2-放大器与 4-放大器叉路的电气势也一定相同，故它们工作的延迟相同，就图 9.4 而言，都在值为 w 时工作。此推导直接给出了方程的解，即给出优化叉电路在这些拐点处的电气势（见习题 9.1）。

例 9.3 设计一个可以驱动 64 个三态总线驱动器槽上的使能信号的路径。每个三态总线驱动器为 6 个单位，路径上的第一个层级能够呈现 12 个单位晶体管的输入电容。单位尺寸的三态总线驱动器见图 9.5。

解 每个使能信号的真信号和补信号的负载为 $64\times6\times2=768$ 个单位的晶体管，因此簇（bundle）电气势是 $(768+768)/12=128$。从表 9.1 可以得出，4-3 叉

是最优的。现在来分配两条叉路的输入电容，如果 4-反相器叉路占比为 β，那么就有

$$4\left(\frac{768}{12\beta}\right)^{1/4} + 4p_{\text{inv}} = 3\left(\frac{768}{12(1-\beta)}\right)^{1/3} + 3p_{\text{inv}} \tag{9.3}$$

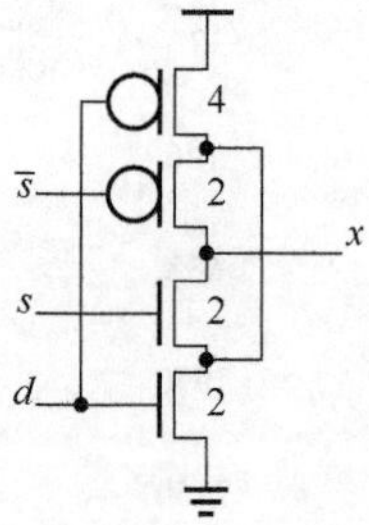

图 9.5   单位尺寸的三态反相器

由方程求解得 $\beta = 0.46$。4-放大器叉路的输入电容是 $12 \times 0.46 = 5.5$，3-放大器叉路的输入电容必为 $12 - 5.5 = 6.5$。所以 4-放大器叉路的电气势为 $768 / 5.5 = 140$，3-放大器叉路的电气势为 $768 / 6.5 = 118$。注意整体电气势被不均匀地分配给两条叉路，通过牺牲较快叉路来改善较慢叉路的延迟，直到二者达到相等的延迟 17.7 为止。4-叉路的层级势为 $140^{1/4} = 3.44$，3-叉路的为 $118^{1/3} = 4.90$。因此，如图 9.6 所示，每个门的电容都可以计算出来。

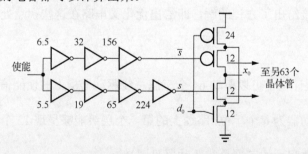

图 9.6   良好裁剪的三态门的使能路径

如果需要很大规格的放大，最好给每个叉路都加上很多个放大器。那么 8 个放大器串后紧跟一个 3-2 叉电路好呢，还是一个 11-10 叉电路好。事实上超过 3-2

放大器规模的叉电路没一点好处，习题 9.2 对此做了量化介绍。另外，一长串放大器一定包含很大尺寸的晶体管，在布图时这种晶体管一定会在某个部分铺开，因此一个长叉电路对布图的影响较小。

当进行微小规模的放大时，最棘手的情况出现了，完全不建议使用图 9.7 中的 1-0 叉电路，因为两条叉路的延迟不可能相等：0 层级路径肯定比 1 层级的小，习题 9.4 讨论了 1-0 叉的性能损失。使用 2-1 叉比 1-0 要好许多，而且如果必要的话，可以从电路网络中去掉分叉点前的一个层级，而将此层级复制到每一条叉路上，实际上是将分叉点从这个层级之后移动到它之前。

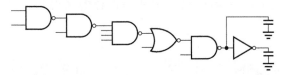

图 9.7　以 1-0 叉电路结束的路径

9.3　本 章 小 结

本章介绍的叉电路是更加复杂的并行多分支电路的特例，一般性例子更难解决，本章讲述的两种技术也会运用到下一章所涵盖的复杂分支问题：

（1）电路网络中的路径势是由所有的输出负载电容除以输入电容来度量的，由此决定正确的层级数。

（2）一旦电路网络的拓扑结构选定了，就可以轻松地列出每条路径延迟的方程，并由此解出可均衡多分支路径的分支因子 β。

在放大器叉电路驱动均等负载的情形中，两条路径的放大器数目应该接近相同。在下一章中，这一结论同样适用于驱动非均等负载或者不同逻辑势的路径。

9.4 习   题

[25] 9.1   列出方程计算表 9.1 中条目。求解它们并验证你的答案与表 9.1 中给出
         的值是否一致。（读者可以写一个电脑程序或者使用一个电子数据表来求解）

[30] 9.2   假定 $H > 38.7$，使用反相器串来驱动 3-2 叉，而不是构建一个纯叉电路。
         这种策略与优化的叉电路的差距有多大呢？

[25] 9.3   对于图 9.7 中的 2-1 叉电路设计，给出一个优化设计。假定每条路的负
         载电容是输入电容的 400 倍，则初始设计的延迟和优化后设计的延迟各
         为多少？

[20] 9.4   思考图 9.8 的两个设计，第一个使用了 1-0 叉，第二个未使用这种结构，
         在合理的电气势范围内比较两种设计的延迟，第一种设计是否为首选？

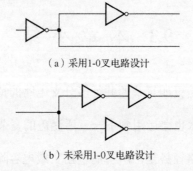

（a）采用1-0叉电路设计

（b）未采用1-0叉电路设计

图 9.8   比较采用 1-0 叉电路的设计以及未采用 1-0 叉电路的设计（说明内在问题）

第 10 章　分支与内部互连

对于分支势易于计算的电路，逻辑势也容易计算，如单输出电路或结构规则的电路就比较容易设计。但现实中的电路往往拥有复杂的分支导线，各导线上具有固定的负载。此类电路的最优设计往往没有对应的封闭表达式（closed-form expression），本章介绍在大多数情况下都表现较良好的近似迭代设计方法。

设计具有分支（branch）的电路网络，不仅需要找到最佳的网络拓扑结构，也要决定如何将可用的驱动分配在各分支上，以便所有路径的延迟都相等。之前的章节介绍了"放大器叉电路"的特例，为输入信号生成真信号和补信号。本章将基于之前结论，进一步分析通常情况，研究拥有两条或者更多支路的电路，每一条支路都可能包含不同的层级数，执行不同的逻辑功能，或驱动不同的负载。可以将每条支路关联的逻辑势和电气势组合成一种复合势，并以此建立后续的计算方法。

之前章节讨论的叉电路非常简单，由施加在叉电路的整体电气势，可构建一张拓扑结构表，根据这张表就能选择特定的拓扑结构。本章将考虑一系列复杂多变的电路，利用逻辑势理论来构建单个逻辑单元的尺寸与其延迟关系的方程，通过平衡电路中各支路的延迟，以减少电路中最慢路径的延迟。

10.1 节通过分析若干对放大器叉电路的泛化实例，给出分支网络的一些直观参数。接下来讨论异或网络，这种电路不仅包含分支，还包括网络内信号的重组。内部互连带来了新问题，导线电容并不随逻辑门尺寸的变化而改变，但内部互连的电路可以逐个具体分析。本章最后提出处理分支网络的通用设计步骤。

尽管可以将电路网络设计问题转化为对应延迟方程组的最小值求解，但逻辑势方法通常提供更直观的洞察力，易于获得一个无须繁多数值计算的更好设计。如果必要，这些初始的设计可以通过详细时序分析来进行调整。

10.1 单输入分支电路

本节分析一系列分支电路，其难度逐步递增。从只有一个输入信号的简单分支电路开始，之后研究有分支点的逻辑功能电路。这些电路类似第 9 章中的叉电路，但这里的分析还考虑了输出负载不同，以及各分支逻辑势不一样的情况。

10.1.1 等长分支路径

图 10.1 中的两路叉电路的例子表明逻辑势可以令具体的分支决策更加简单。

图中变量 C_1 和 C_2 是每条支路第一个反相器的输入电容。不失一般性，假设总的输入电容是 1，所有其他的电容值都会进行合理缩放。包含输入端的分支在内，两条路径的驱动负载为 $H_1 \times C_{in}$ 和 $H_2 \times C_{in}$，因此电路的总电气势是 $H_1 + H_2$，列出每条路径的延迟方程并令其相等，则可得方程

$$\frac{H_1}{C_1} = \frac{H_2}{C_2} \tag{10.1}$$

假设每条路径的层级数相同，且寄生电容延迟也相等，那么这个方程对任意长度的路径都成立。这表明输入驱动应该按比例分配给每条路径作为负载，进而决定了各条路径的电气势。一旦确定了分配输入电容的方式，就能够独立地计算出每条路径的晶体管尺寸。

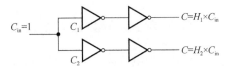

图 10.1　分支势不同的 2-2 叉电路

如果路径包含了逻辑功能而不仅仅是简单的反相器，那又该怎么办？逻辑势的方法表明逻辑势和电气势是可以互换的。如果路径 1 的总逻辑势为 G_1，路径 2 的总逻辑势为 G_2，那么方程（10.1）可以变为

$$\frac{F_1}{C_1} = \frac{F_2}{C_2} \tag{10.2}$$

这里 $F_i = G_i H_i$。换句话说，输入电容应该根据每条路径承载的总逻辑势按比例分配。

更为重要的是，图 10.1 所示的整体构造等价于输出电容为 $F_1 + F_2$ 的两个反相器串联构成的电路，这个等价结构没有分支，对于有分支的电路逻辑势要将两条路径的逻辑势求和获取。这一性质表明可以用单路径结构的等价电路来替换分支

路径结构，并从输出端反向分析等长分支网络。每条支路的分支势是

$$B = \frac{F_{\text{leg}} + F_{\text{others}}}{F_{\text{leg}}} \tag{10.3}$$

计算可得路径势为 $F = G_{\text{leg}} B H_{\text{leg}}$，层级势为 $f = F^{1/N}$，每条支路的层级势都相等。这是一种很强大的设计分支网络的技术，下例也表明了这一点。

例 10.1　求图 10.2 中的电路尺寸使其延迟最小。

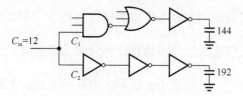

图 10.2　各支路逻辑势和电气势不同的路径

解　上面支路的电气势为 $H_1 = 144/12 = 12$，下面支路的电气势为 $H_2 = 192/12 = 16$。起初可能看起来电气势是 $144/C_1$ 和 $192/C_2$，但是相反，这一增加的势将会分配到每条支路的分支势上。

上面支路的逻辑势为 $G_1 = (5/3) \times (7/3) \times 1 = 3.89$，下面支路的逻辑势为 $G_2 = 1 \times 1 \times 1 = 1$。所以，上面支路的路径势为 $F_1 = G_1 H_1 = 46.7$，下面支路的路径势为 $F_2 = G_2 H_2 = 16$，整体的路径势为 $F_1 + F_2 = 62.7$。

首先设置上面支路的尺寸。就此支路的角度来看，电路的分支势 $B = (F_1 + F_2)/F_1 = 1.34$，将这个电路视为仅有一条路径势为 $F = G_1 B H_1 = 62.7$ 的支路，算得层级势为 $f = 62.7^{1/3} = 3.97$。从输出开始反向计算，则反相器、或非门和与非门的输入电容分别为 36、21 和 9。

现在来设置下面支路就很轻松了，因为已知层级势必须为 3.97，反向计算发现输入电容分别为 48、12 和 3。路径的总输入电容是 $9 + 3 = 12$，满足了最初的

规范。此外，输入电容以 3∶1 的比例在支路间分配，路径势的比例也近似相同 46.7∶16≈3∶1。

上面支路的延迟，包含寄生电容在内，是 $3×3.97+3+3+1=18.91$，下面支路的为 $3×3.97+1+1+1=14.91$。尽管已试图令支路的延迟相等，但是不同的寄生电容造成了延迟差异，所以为了平衡延迟，更大比例的输入电容必须分配给寄生效应更大的上面支路。然而，就算当这些工作都完成后，每条支路的延迟都会是 18.28，这意味着仅有 3%的速度提升。

这个例子表明了一个普遍的问题：寄生效应的差异破坏了方程（10.1）。在寄生延迟的差异很小时，之前的分析很接近正确情况。但像此例一样差异很大时，为较慢支路分配更多输入电容，整体性能的提升往往很小。

如果寄生延迟的差异太大，首先可以根据之前的分析构造初始设计，然后调整分支分配亦获得最优设计。通常来说，这会是一个精确计算每条分支延迟，并轻微改变分支分配的简单问题。事实上，C_1 的值由下式得到：

$$D = N\left(\frac{F_1}{C_1}\right)^{1/N} + P_1 = N\left(\frac{F_2}{1-C_1}\right)^{1/N} + P_2 \tag{10.4}$$

因为寄生延迟增大了对分支电路进行代数求解和分析的复杂度，在本章其他例子中将忽略寄生延迟的影响。所有情况下，不考虑寄生延迟可能获得一个非常好的设计，这一设计又可以根据更精确的延迟计算和调整进行精化。电子数据表程序简单方便，完全能胜任此类计算。

10.1.2　不等长分支路径

第 9 章介绍的放大器叉电路具有不等长支路的简单网络。这里重温分析仲裁分支网络的设计问题，第一个例子是图 10.3 中展示的拥有不等负载的 2-1 叉电路，用和图 10.1 中类似的方法表示反相器的输入电容，但要注意这里的分析能应对各类逻辑势路径，用势 F_i 来标记每条路径的负载。如果想让每条路径的延迟为 D，第一条路径上的反相器延迟需为 D，第二条路径上的每个反相器延迟为 $D/2$。回顾方程（1.17），当 $P=0$，每条路径有 $F=(D/N)^N$：

$$\frac{F_1}{C_1} = D$$

$$\frac{F_2}{C_2} = \left(\frac{D}{2}\right)^2 \tag{10.5}$$

令 $C_1 + C_2 = 1$ 可以得到一个二次方程：

$$D^2 - F_1 D - 4F_2 = 0 \tag{10.6}$$

然后求解 D 可得

$$D = \frac{F_1 + \sqrt{F_1^2 + 16F_2}}{2} \tag{10.7}$$

可应用此公式验证一些已知的结论，例如，$F_1 = 0$ 推导出 $C_1 = 0$，$F_2 = 0$ 推导出 $C_2 = 0$。在 $F_1 = F_2 = 2$ 的特殊情况下，可以看出输入电流被平衡地分配到各支路，此时 $D=4$。

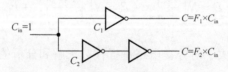

图 10.3　分支势不同的 2-1 叉电路

这一分析可以很容易推广到图 10.4 所示拥有三条路径的分叉。对于每条路径 i，利用与方程（10.5）的类比可得

$$\frac{F_i}{C_i} = \left(\frac{D}{i}\right)^i \tag{10.8}$$

求解可以得出一个 3 次方程：

$$D^3 - F_1 D^2 - 4F_2 D - 27F_3 = 0 \tag{10.9}$$

和预期一样，当 $F_3 = 0$ 时，这一方程约简为方程（10.6）。

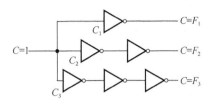

图 10.4　分支势不同的 3-2-1 叉电路

　　现在回过头考虑上面设计。首先，假设图 10.4 中分叉的三条支路的延迟必须相等，那么一条支路有一个层级而另一条支路有三个层级，这样设计电路有意义吗？显然没有，同样的原因，简单叉电路的两条叉路长度差大于 1 也没有意义。对于参数化 F_1、F_2 和 F_3 值的图 10.4 电路，删除一条支路能提升性能。如果延迟很小，F_1、F_2 和 F_3 比 $C = 1$ 小，2-1 叉电路的最大延迟比较小，所以应该从 3-放大器支路上删除两个放大器，结果就是将其折叠到了第一条支路。如果延迟太大，F_1、F_2 和 F_3 比 $C = 1$ 大，3-2 分支电路会有较小的最大延迟，所以应该向单放大器支路中添加两个放大器，也就是说将它与 3-放大器的支路合并起来。

　　当然，上面例子仅包含反相器，还需要考虑各支路包含逻辑功能的情况。当涉及逻辑功能后，可能会考虑具体逻辑功能需要相应的层级数，因为对于实现逻辑功能而言，三层级逻辑势比单层级的可能还要小，这支持了上述三层级支路的结论。如果延迟很小，因为 F_1、F_2 和 F_3 比 1 小得多，各支路逻辑势也很小，可能必须使用三层级支路。另外，如果延迟大，因为 F_1、F_2 和 F_3 比 1 大得多，涉及的逻辑势也很大，可以通过用一对反相器来增强单层级的支路进而改善设计。因此，最小延迟电路的各支路长度差异大于 1 的话，是不合常理的。但在限定了器件宽度的最小值时会有例外。

　　由这个推理得知，在支路分析时，往往可以合并路径，将 N 路分支（$N > 2$）

折叠为 2 路分支。这就简化了输入电容分配方程，至多会得到两个像式（10.8）的方程。此外，由于逻辑势和电气势是可互换的，所有的分支问题都等价于第 9 章介绍的放大器叉电路。然而，需要注意的是，在将等长支路折叠以建立合适的寄生延迟模型时，不同的寄生延迟可能会引起错误。

总的来说，单输入多输出电路可以借用叉电路的分析方法，但每个输出的有效负载电容必然随驱动它的支路的逻辑势而增加。一般而言最小延迟电路的各路径几乎等长，所以较合理的近似性能分析的假设是所有路径等长，而后对所有路径势求和，再将整个网络作为单路径来分析。3.5 节的结论指出串联放大器或者逻辑门的性能分析，对其路径长度的微小改变不敏感。因此，一个好的首要的近似，是将网络所有的逻辑势合在一起，并选择适合的路径长度。

10.2　逻辑单元后的分支

现在来考虑在一个分支点之前有逻辑功能的电路。一种常见的电路形式如图 10.5 所示，包含了逻辑单元以及后接的 2-1 叉电路，此电路的扇入部分和扇出部分间包含了一个单一连接，该连接明显地将电路分析一分为二。令较慢支路的每个反相器的延迟为 d_a，每个逻辑单元的逻辑势为 g，延迟为 d_g。用了两个不同的变量来表示这两个延迟的原因在于它们不一定相等，而事实上，期望在最小总延迟的设计里，d_g 的值介于 d_a 和 $2d_a$ 之间。较长支路将使用比逻辑单元运行更快的反相器，短一些的支路会用运行比逻辑单元慢一点的反相器。

按照以前对叉电路的分析方法，对本例可写出势方程：

$$\frac{H_1}{C_1} = 2d_a$$

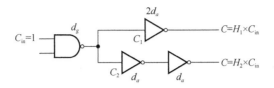

图 10.5　逻辑门输出端后的分支

$$\frac{H_2}{C_2} = d_a^2$$

$$g(C_1 + C_2) = d_g$$

使用前两个方程消除第三个方程中的 C_1 和 C_2，得到 D 的方程：

$$D = d_g + 2d_a = g\left(\frac{H_1}{2d_a} + \frac{H_2}{d_a^2}\right) + 2d_a \tag{10.10}$$

根据变量 d_a 对 D 求导，并令结果等于 0 以求最小值，得

$$d_a^3 - \frac{gH_1}{4}d_a - gH_2 = 0 \tag{10.11}$$

　　对于层级延迟为 2 的特殊 2-1 叉电路，来精确匹配其样本值。与非门的逻辑势是 4/3，故 $H_1 = H_2 = 3$，因此总的势为 8。将输出视为簇，将设计视为纯三层级的无分支电路，则层级延迟为 2。若叉电路的两条支路都是二层级，每一层级的最优层级延迟为 2，此时总体延迟为 6。然而，实际电路中的叉电路的一条支路仅有一个层级而不是两个。可能会错误地认为由于延迟为 4 的单个反相器层级与层级延迟为 2 的反相器对之间的相似性，将单个反相器替换为两个，可以令层级延迟不变。但不是这回事，数字已经说明问题了。解方程（10.11）求其样本值，可得 $d_a = 1.796$，$d_g = 2.35$。换言之，将更多的时间分配在逻辑单元，从而使叉电路的时间更少，可以得到一个稍快的电路，整体延迟将变为 5.94 而不是 6。这并非完全不合理，因为单放大器的分叉支路在驱动大负载方面不如双放大器。然而，为了保持延迟和层级数的相对不敏感性，可能不值得花费这么多的精力来计算如

何得到1%的速度提升。

再来选择样本值，其整体势保持为 20，$g = 5/3$，$H_1 = H_2 = 6$。显然这里三个层级是必需的。如果叉电路的两条支路都是二层级，可以得到一个层级延迟为 2.71 且整体延迟为 8.14 的纯三层级设计。解方程（10.11），$d_a = 2.54$，$d_g = 3.52$，得到的最优值 $D = 8.60$，此结果反映出一个事实，即叉电路的每一条支路一定只有一个放大器。此时和预计的一样，$d_g = 3.52$，介于 $d_a = 2.54$ 和 $2d_a = 5.08$ 之间。

在一些电路里，若干层级的逻辑或放大器出现在分支节点之前，可形成一个叉电路，对于这类电路，当早先电路的层级延迟介于较长支路层级延迟和较短支路层级延迟之间时，可以实现最小延迟。随着层级数的增加，多一个层级或少一个层级对整体的延迟影响变得越来越小，如 3.5 节。因此将输出端视为簇，就能得到近乎最小的延迟。如果期望得到更精确的结果，不难写出跟图中任意情形类似的方程。这些方程的解对应了运行最快的设计。

10.3　分支与重组电路

某些电路不符合到目前为止讨论过的任何形式，它们即分支又重组。这种电路可以用之前例子中使用的方法进行分析，虽然各种逻辑门的输入电容的简单延迟模型的表达式都已给出，但为了后续的优化，还需要区分这些表达式。

图 10.6 所示的异或门可以生动地反映出这种电路特征，此电路仅有一个输出端，输出之前的层级进行分支和重组，其分析方法类似于本章中其他例子。此电路的拓扑结构包括了三层级路径和二层级路径，第一层级将输出直接重组为第二层级的输入。这个例子中的要点在于学习其分析方法，并理解延迟产生的机理。

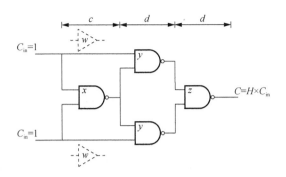

图 10.6　由 4 个与非门构成的异或门的分支和重组

　　这里分三个阶段给出此例子的解决方案。首先，假设所有的延迟均相等，并且电路需满足最小延迟条件。其次，允许第一层级延迟 c 不等于其他二层级的延迟 d ，此时就能获得具有最小延迟的电路，也就是说最小延迟条件是要求 c 长于 d ，还是短于 d ，c 与 d 不同时的电路设计比相同时设计更快还是更慢了。最后，作为一次思考的实验，将虚构的非反相放大器加入电路中，如图中用虚线符号所提示。尽管这些放大器是不存在的，但是研究它们将每条支路分为三个层级所引起的电路性能的变化，具有建设性意义。

　　正如图中展示的，电路由四个与非门组成，每个门的单逻辑势为 $4/3$ ；为了后面不再一遍又一遍地重复书写 $4/3$ ，这里使用 g 来代表 $4/3$ 。为了获取其工作时的特定电气势，假设输出负载为 H ，并与组合输入电容相同，即为 2。可以利用电路的对称性来处理 x 、y 和 z 电容，三个延迟方程对应了电路的每一层级，一个约束方程对应了分支。

$$c = g\left(\frac{2y}{x}\right)$$

$$d = g\left(\frac{z}{y}\right)$$

$$d = g\left(\frac{H}{z}\right)$$

$$x + y = 1$$

消掉 x、y 和 z，就得到 c 关于 d 的方程。在 $c = d$ 的特殊情况下，可以解出 $d = 2.67$，所以 $D = c + 2d = 8$。为了达到可能最慢的延迟，将方程 $D = c + 2d$ 中的 c 进行替换，求 D 关于 d 的偏导数，并令其等于 0，就可以得到一个关于 d 的四阶方程，求解得 $d = 2.98$，推导出 $c = 1.78$，则总延迟 $D = 7.74$。这比 $c = d$ 情况下，求得 $D = 8$ 的情形又有了改进。注意到在三个层级中，延迟并非均匀分布；第一层级的操作延迟较低，其他二层级的延迟要大于当所有三层级相同时的延迟。这是因为与非门 x 的运行必须比常规方式更快，得匹配上从输入端至逻辑门 y 的零层级路径的几乎为 0 的延迟。

注意到第一层级的运算和从输入至第二层级的直连是并行进行的。因为直连不具备放大功能，但会使后面层级运行得慢一些，而后面层级提供了较多的放大功能。

上面的计算过程已经假设在第二层级与第三层级的 d 值是相等的。为什么这种假设是合理的呢？对读者而言，证明这一结论是很有趣的练习。

作为最后一个练习，将逻辑势为 1 的虚构非反相放大器置于图 10.6 中虚线圈起的位置。这种情况易于处理，因为需要令三个层级的延迟均等，可以轻松写出两条路径的输入电容的表达式：

$$w = \frac{g^2 H}{d^3}$$

$$x = \frac{2g^3 H}{d^3}$$

注意路径势，也就是分支、逻辑以及电气势的乘积是如何在表达式中体现的。令 $w + x = 1$ 并求解，得到 $d = 2.35$ 和 $D = 7.06$，比前面两种已经考虑过的情况都有所提升。显然，当逻辑的第一层级运行时，从尚未开始放大（failure）开始，直到放大直接输入信号结束，会有延迟损耗。这个例子表明得抓住每一次机会去缓冲次关键的信号，因为一条路径中的放大电路可以为其他路径产生更多的有效拉电流，从而可以提升整体的性能。如果走到极端，应该缓冲较快的路径直到所有路径同时完成。运行太快的路径从其他路径里夺走了电流，从而延缓了其他路径。

10.4　内　部　互　连

内部互连的固定电容会给基于逻辑势的设计带来一些特别的问题。导线上驱动门负载的分支势是 $(C_{gate} + C_{wire})/C_{gate}$，任何时候网络中晶体管尺寸的改变都会引起分支势变化，导线电容无法随晶体管尺寸变化而成比例地改变。因此每层级势相等时延迟均最小的经验不再有效，驱动导线的门可能使用更大的势，而导线末端的门会使用较小势。这个问题促使我们去思考近似分支势，或者求解精确优化的复杂方程。本节处理带内部互连电路的近似问题。不得不做出的这种近似是逻辑势令人不满的局限之一。

当设计导线电容时，将导线总电容和逻辑门的输入电容联系起来是很有帮助的。最小长度晶体管的栅极电容近似于 $2fF/\mu m$，因为长度与电介质厚度缩放的比例都是相等的，这个值在很多工艺制程中仍然保持一致。最小间距的内部互连导线的电容近似于 $0.2fF/\mu m$，且当导线厚度、导线间距和电介质厚度统一比例缩放时，此值仍为一个常量。因此，最方便的做法是使单位长度的导线电容值等于单位长度栅极电容的 1/10。当然，这不适用于更宽的导线，且在某种程度上依赖于具体工艺制程。知道特定工艺制程与某一有效数字的比是非常有用的，那样就可以迅速将导线电容转变为等价的栅极宽度。

10.4.1　短导线

在一个功能块里，大部分的导线都很短，门延迟主要由栅极电容支配。而且，实际的导线长度在版图完成前很难估计。这种短导线对于门尺寸有什么影响呢？

短导线被视为额外的寄生电容。给定导线平均长度与门尺寸的平均值，可以算出寄生扩散电容跟寄生导线电容的比，总寄生电容是这二者之和。由总寄生电容可以计算得到一个最优的层级势 ρ，对于合理的短导线的路径来说，逻辑势值通常略大于 4。

上述结果给人以直观的感受：随着导线寄生电容相对于栅极电容的增加，采用层级势较大但层级个数较少的方式，来减少所驱动的导线数量，是一种非常明智的做法。在 3.5 节中发现，对于层级势约为 ρ 时，路径延迟一般是良好的。目标层级势为 4 的设计对大多数问题已经足够了。

10.4.2　长导线

功能块之间的导线可能比大多数功能块内部的晶体管尺寸大数百倍甚至数千倍。当导线电容比其驱动的栅极电容大时，这条导线就是长导线。

包含一根长导线的逻辑路径可以分成两部分，第一部分驱动导线，第二部分从导线接收输入。第二部分的接收门的尺寸对第一条路径延迟的影响不大，因为门电容相对于导线电容很小。换句话说，分支势是第二部分接收门尺寸的弱函数。但这个接收门的尺寸直接影响电气势和第二条路径的延迟，因此接收门的尺寸应该在面积和功耗考量的限制范围内尽可能地大。

典型情况下，逻辑路径的第一个部分的末端，会以一个反相器链来驱动大的导线电容，链中最后的反相器可能非常大，需要消耗非常大的面积和功耗。因此，选择层级势接近于 8 的层级能够减少这种开销，并且只略微增加了延迟。因为构建驱动长导线的反相器链在时间和面积上的花费是昂贵的，最好尽可能地将多个逻辑功能块凝聚在一起，这样长路径就少了。例如，2.3 节中的仲裁电路将计算功能放在中间位置，而不是像链一样穿过多条长导线，这样可以大大提高性能。

当导线很长时，导线电阻就变得重要了。导线电阻和导线电容与导线长度成正比，导线延迟跟导线长度成二次比例关系。因此，将长导线分成若干段是有益的，每一段由一个反相器或者缓冲器来驱动，它们被称为中继器。拥有合适数量中继器的导线的延迟仅是其长度的线性函数（Bakoglu，1990）。当使用中继器时，设计者必须在芯片版图中规划好中继器的位置。

10.4.3　中等长导线

最棘手的尺寸设计问题发生在内部互连导线电容跟栅极负载相当的时候。这类中等长导线导致的分支势是所驱动的门尺寸的强函数。

解决中等长导线电路问题可采用蛮力算法，将延迟方程表示成关于整条路径上所有门尺寸和导线电容的多项式函数，根据门的尺寸进行微分，然后求其数值解获得最佳尺寸。

这种解决方法的工作量通常超过了问题本身的价值。对大多数电路，一个合理的结果是维持路径上所有层级的层级势为 4 左右。导线带来的初始分支势未知，导致选择最佳层级数时困难重重。借助迭代求解最佳层级数的方法将在10.5 节介绍。

10.5　设　计　方　法

　　本章的例子都在描述具有分支结构的电路网络设计的统一方法，基于分析的处理方式能够对设计的各种取舍方式进行深入洞察。然而在实际中，设计者不可能用取偏导数和求解 N 阶多项式的方程来仅仅提升百分之几的延迟改进。相反地，实际设计时将采用经过深入洞察分支电路网络后得出的一种合理的拓扑结构及层级势初值的预测，然后设计者在慢得不可接受的路径上迭代修改，直到每条路径都满足规范，或者不得不修改拓扑结构为止。

　　此外，实际电路经常包含固定电容。正如 10.4 节中讨论的那样，内部互连电容跟逻辑门的尺寸无关，每个晶体管都有其最小尺寸，这限制了电路非关键支路负载的最小值。最后，对某些输出端的需求可能会分布在不同的时间，因此加大从输入到关键输出的电容就能加快速度，但代价是牺牲了非关键输出。

　　当固定电容相对节点的其他电容很小时，忽略它们即可。当固定电容跟其他电容相比很大时，固定电容主导延迟。如果驱动该节点的其他门不够快，那么就增大其尺寸来减少它们自身的延迟，这只会略微增加节点的总电容。最困难的情况是当固定电容与栅极电容差不多时，在这种情况里，设计者不得不反复迭代来得到可接受的结果。

　　总结前面介绍的技术，下面给出一个设计流程。

　　（1）绘制电路网络。

　　（2）使用最小尺寸的门缓冲非关键路径，以使重要路径上的负载最小。尽力让所有的关键路径拥有近似的层级数。

（3）估算每条路径上的总势，例如，通过从输出端反向计算，组合每个分支节点的势。

（4）验证网络的层级数适合于其所承受的总势要求。

（5）给每个分支赋分支比值，从输出端反向分析，考虑所达到的每个分支。基于每条从分支延伸出的路径所要求的势的比值，估算分支比。可能不去优化某些承受很少势的路径，也可能不考虑速度不影响目标的非关键路径。

（6）考虑寄生延迟的影响，计算出设计的精确延迟。适当地调整分支比来使这些延迟降到最低。可以写出一些代数方程，利用延迟方程的反复迭代来计算竞争路径往往更加简单，同时观察轻微调整后的效果。如果一条路径太慢，将大部分的输入电容分配到那条路径，使其得到更大的驱动。

一般而言，电路网络的优化问题需要复杂的优化算法，上面介绍的流程对大部分情况还是很适用的。

10.6　习　　题

[35] 10.1　修改方程（10.5）并解释反相器中的寄生延迟，给出 D 的多项式方程。如果方程（10.7）被用来粗略估计 D，那么在合理的 F_1、F_2、P 值情况下，得到的最终设计与最佳设计相差多少呢？

[20] 10.2　在 10.3 节中，假设第二层级和第三层级的延迟 d 是相等的。为什么这样假定是合理的？

[50] 10.3　考虑内部互连的电容，提出一个选择拓扑结构和确定逻辑门尺寸的启发式好算法。

第11章 宽体结构

　　逻辑势的应用之一就是分析诸如译码器或高扇入逻辑门和选择器这类宽体结构，来找到具有最佳性能的拓扑结构。为此，本章列举了四个例子。首先是 n-输入与门结构设计。其次是一个 n-输入穆勒 C 单元，这里用到了 n-输入与门结构。接着展示另一种类设计，即从 n 位地址中产生 2^n 个可选输出的译码器。最后分析高扇入选择器，进而证明把宽体选择器划分成三个 4 输入选择器的树形结构是最优的方法。

11.1 *n*-输入与门结构

很多时候，需要把很多输入整合到一个逻辑与函数中。例如，检测算术逻辑单元（ALU）的输出结果是否为 0，或者多个条件是否全为真。下面来探索一种电路结构可以使该函数的逻辑势最小。

11.1.1 最小逻辑势

可以实现 *n*-输入与门功能的最简方法是用一个 *n*-输入与非门，并后接一个反相器。从 4.5.1 节得知，这种逻辑结构每一个输入的逻辑势为

$$g = \frac{n+\gamma}{1+\gamma} \tag{11.1}$$

尽管这种解决方案非常简便，但是它的逻辑势会随着输入个数的增加而迅速增长。为了计算与函数的逻辑势，也可以用 *n*-输入或非门，其每个输入都后接反相器的方式。但是由于 *n*-输入或非门的逻辑势总是远远大于 *n*-输入与非门，所以这个结构要差一些。

为了避免逻辑势的线性增长，可以建立一个与非门和或非门组成的树来计算与函数的逻辑势。图 11.1 就是这种树：树根为一个或非门，下面的每层与非门和或非门交替存在，共有偶数层。能够观察到，这棵树上不同层中门的输入个数可能是不同的。图中大多数层中含有 2-输入门，但是该树的叶子层使用 3-输入门。大多数情况下，树中某些层上的门也许只含有一个输入——这就是说它们本身就是反相器。图 11.2 给出了一个例子，或非门树根就是一个反相器。

如图 11.1 所示，该树的单逻辑势为 6.17（$\gamma = 2$），但是与之等价的 24-输入

与非门和反相器电路的单逻辑势为 8.67。当然，24-输入与非门也是不实用的，因为它的寄生延迟随着栈的高度呈现二次函数增长。图 11.1 中的树并不能为 24 个输入产生最低单逻辑势：因为高度为 8、单逻辑势为 3.95 的树是最优的。

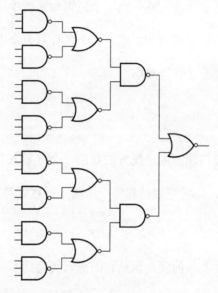

图 11.1　由与非门和或非门交替构成的 3、2、2、2 型与逻辑树

图 11.2　与逻辑树的一种简化形式或非门只有一个输入，即被简化成反相器

　　通过一个简单的小程序就能找到最小逻辑势的树形结构。该设计递归搜索所有输入个数正确的树形结构。当要设计 n-输入的树时，首先计算当前层的单输入门的逻辑势，这里也许会用到输入的反相器，使得该树的高度为偶数。然后考虑树根有 b 个输入门的树，以及有 $\lceil n/b \rceil$ 个输入的子树，这里 b 的取值为 1 到 n 之间。最佳子树设计是通过递归调用同样的树设计程序实现的，需要重视对递归程序的控制，这样才能避免不断搜索该树每一层上的单输入门而陷入死循环。

　　逻辑势给出了揭示程序求解的本质。因为或非门的逻辑势大于与非门，所以期望树中或非门的输入少于与非门。事实上，为了最小化逻辑势，树中所有的或非门都应该只含有一个输入——那就是反相器，因此程序在树中接下来的低层将使用与非门，这种策略远远优于插入一个或非门。

表 11.1 给出了 64-输入树的设计。这些树都很"瘦"，只使用了反相器和 2-输入或者 3-输入与非门，同样能够观察到没有使用多输入的或非门。这个表中给出了 24-输入问题的最小势设计，此时树的高度为 8。

表 11.1　$\gamma = 2$ 时，具有最小逻辑势的与逻辑树设计

n	$G_{\text{and}}(n)$	树结构	层级数
1	1.0	1,1	2
2	1.333	2,1	2
3	1.667	3,1	2
4	1.778	2,1,2,1	4
5~6	2.222	3,1,2,1	4
7~8	2.370	2,1,2,1,2,1	6
9	2.778	3,1,3,1	4
10~12	2.963	3,1,2,1,2,1	6
13~16	3.160	2,1,2,1,2,1,2,1	8
17~18	3.704	3,1,3,1,2,1	6
19~24	3.951	3,1,2,1,2,1,2,1	8
25~32	4.214	2,1,2,1,2,1,2,1,2,1	10
33~36	4.938	3,1,3,1,2,1,2,1	8
37~48	5.267	3,1,2,1,2,1,2,1,2,1	10
49~64	5.619	2,1,2,1,2,1,2,1,2,1,2,1	12

注：该树的结构给出了从叶子节点的与非门到根节点的单输入或非门反相器的每一层逻辑门的输入个数。

上述设计的结果可以用于定义 n-输入与树的逻辑势的下界。为了安置这 n 个输入，该树将只包含 2-输入与非门，在必要的层次上与反相器一起交替使用。令 l

为与非门的层号，则 $2^l = n$ ，或 $l = \log_2 n$ 。 n-输入与逻辑树的单逻辑势为

$$G_{\text{and}}(n) = \left(\frac{2+\gamma}{1+\gamma}\right)^{\log_2 n} = n^{\log_2((2+\gamma)/(1+\gamma))} \tag{11.2}$$

当 $\gamma = 2$ 时，该式就简化为 $G_{\text{and}} = n^{0.415}$ 。需要注意的是，与树的逻辑势比线性增长的与非门慢得多［见方程（11.1）］。

11.1.2 最小延迟

虽然这些"瘦"树提供了最小的逻辑势，但是在特定的环境下并不总是最优的。也许会出现这样的情况，路径势非常小，导致最优设计需要的层级少于树给出的。例如，如果 $n = 6$ ，电气势 $H = 1$ ，最小延迟设计是一种 3-输入与非门后面跟着一个 2-输入或非门。只有当电气势很大的时候这些"瘦"树才是最快的。

给定电气势后，可以修改设计过程来确定最快的电路结构。再次用程序来计算出所有的分支因子，同时递归得到子树。当程序访问到叶子节点时，它已经得出了当前结构的逻辑势，从而计算出路径势为 $F = GH$ ，相应的延迟包括路径上的寄生延迟也能够计算得到。通过最小该延迟而不是最小逻辑势就可以得到最优树。该程序在 Logical Effort Web 网页上能够找到（见前言中"关于网站"部分）。

表 11.2 分别给出了 $H = 1$, $H = 5$, $H = 200$ 时的电气势。低逻辑势的树比最小逻辑势的树要"稠密"一点，因为有限的总逻辑势会使具有很多层级的设计变慢。另外，逻辑势大的树可以选择表 11.1 中"瘦"树的某种设计，再加上可能需要额外的反相器，会产生最优的层级数。例如，当 $n = 2$ 时，最小逻辑势树结构的逻辑势为 4/3。那么，路径势为 200 的树结构的总逻辑势为 800/3，表 3.1 表明五层级设计时最快，但是层级数必须为偶数。而结果证明四层级优于六层级，所以在二层级最小逻辑势的树结构后面，会添加两个反相器。

表 11.2 $\gamma = 2$ 时，最小延迟的与逻辑树结构设计，已标明总电气势的值

n	$H=1$		$H=5$		$H=200$	
	延迟	树	延迟	树	延迟	树
2	5.3	2,1	8.2	2,1	21.2	2,1,1,1
3	6.6	3,1	9.8	3,1	23.1	3,1,1,1
4	7.0	2,2	10.7	2,2	23.4	2,1,2,1
5～6	8.3	3,2	12.5	3,2	25.4	3,1,2,1
7～8	9.7	4,2	14.2	4,2	25.8	2,1,2,1,2,1
16	12.9	4,4	16.9	2,2,2,2	28.2	2,2,2,1,2,1
32	16.6	4,2,2,2	19.9	4,2,2,2	30.9	2,2,2,2,2,1
64	19.3	4,2,4,2	22.9	4,2,4,2	33.6	2,2,2,2,2,2
128	22.5	4,4,4,2	26.5	4,2,2,2,2,2	36.7	2,2,2,2,2,2,2,1

注：这些树和表 11.1 中的不一样，因为电气势会影响到层级数。

11.1.3 其他的宽体逻辑

德摩根定律能够把与逻辑树转换为计算或函数、与非函数或者或非函数。任何情况下，树都会交替使用与非门同或非门。在实现或逻辑函数时，与非门同或非门在与逻辑树中的顺序还需颠倒。类似的含有奇数层级的树，还需要附加一个反相器，实现了与非函数和或非函数。因此，最小的这四种功能的树结构的逻辑势是完全一样的。如同表 11.2 计算的方式，就能得到这些最小延迟树。

11.2 n-输入穆勒 C 单元电路

穆勒 C 单元用于异步电路设计，可以检测一系列功能是否已经完成。只有在

所有输入都是高电平时，C 单元的输出才为高电平，同样只有当所有的输入都是低电平时，它的输出才为低电平。对于其他输入值的组合，C 单元的输出保持先前输出不变。

11.2.1 最小逻辑势

图 11.3 给出了 n-输入 C 单元最简单的实现方法，称为简 C。它包含一个动态的由串联上拉和下拉晶体管构成的"C-臂"，以及后面的反相器，其单逻辑势仅为 n（见 4.5.8 节），加入一些形式的反馈电路，这个动态电路的变化过程会稳定，因为反馈电路只增加了少量的逻辑势，故可忽略。

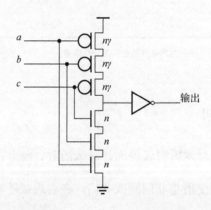

图 11.3 输入个数 $n = 3$ 时，一种简单的穆勒 C 单元设计

图 11.4 展示了另一种 C 单元的实现，它使用与逻辑树来检测全部输入均为高电平或低电平的时刻，称为与 C。如果要求这种设计具有最低逻辑势，那么设计中的两棵与逻辑树应该等效，拥有同样的逻辑势。虽然看起来整个 C 单元电路的逻辑势的计算，似乎需要知道连入每棵与逻辑树的输入电流所占比例，但事实上可以查看输入簇的值，观察到上下两个与逻辑树中具有相同逻辑势的路径，也就

是说 x 和 y 都被视为簇，见图 11.5。n-输入 C 单元的最小逻辑势等于 n-输入与逻辑树的逻辑势。这种树的设计方法在前面章节已详述。

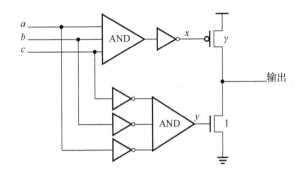

图 11.4 穆勒 C 单元的与 C 设计实现（使用与逻辑树来

确定全部输入何时均为高电平或低电平）

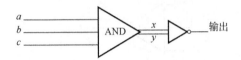

图 11.5 基于逻辑树驱动的 2 信号簇的图 11.4 穆勒 C 单元设计

由表 11.1 可以发现，无论输入个数多少，与 C 树设计的逻辑势都小于简 C 设计的。表中 G_{and} 列给出了 n-输入与逻辑树的逻辑势，也是 n-输入与 C 逻辑设计的逻辑势。作为比较，n-输入简 C 设计的逻辑势为 n。

11.2.2 最小延迟

同与逻辑树一样，具有最小逻辑势的结构并不总能提供最小延迟，因为层级数也很重要。要想设计的延迟最小，就需要知道 C 单元必须承受的总体的电气势。

分析简 C 电路的方法遵循已经熟悉的适用所有逻辑势的计算方法。如果 n-输入门的电气势为 H，则总的电气势为 nH，使用这个值能确定最佳的层级数 N，从

而计算出延迟为 $D = N(nH)^{1/N}$ 。为了获得正确的层级数，电路也许需要加入反相器或者构造"C-臂"树来做修改。

与 C 电路分析依赖于更好一点的设计，如图 11.6 所示。此时，x 和 y 信号由与非函数和或非函数计算出来，而不是图 11.4 中的与函数和反相器。这两种设计逻辑上等价，而且还有相同的最小逻辑势。然而，当考虑有限的电气势时，更好的设计对应了二层级的解决方法，但图 11.4 中的设计至少要 4 个层级，因为与逻辑树至少含有两个层级。

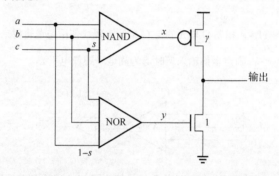

图 11.6　针对图 11.4 电路的更精确画法（采用或非门和与非门驱动输出层级）

作为初始设计，假定与非树和或非树都有相同的逻辑势，故应该选择 $s = \gamma / (1+\gamma)$，根据叉结构各分支的驱动负载，将叉结构的输入电容按比例分配。当然，或非树的逻辑势和寄生延迟更大。所以，应该调整 s 使两个分支相等以提高速度。但是这个提高很小，基本可以忽略不计。

表 11.3 比较了电气势为 $H = 1$ 和 $H = 5$ 时，简 C 和与 C 树设计的逻辑势，与 C 逻辑设计基本上都快于简 C 设计，甚至输入个数变小时也成立，但在低电气势设计中会有例外，此时与 C 逻辑需要太多的层级了。

表 11.3　给定总电气势，当 $\gamma = 2$ 时，穆勒 C 在最小延迟时的多种设计比较

n	H	简 C		与 C		
		延迟	层级	延迟	与非树	或非树
2	1	5.8	2	5.6	2	2
	5	9.3	2	8.8	2	1,2,1
3	1	7.5	2	7.1	3	3
	5	11.7	2	10.8	3,1,1	1,3,1
4	1	8.0	2	8.5	4	4
	5	12.9	2	12.7	2,1,2	2,2,1
6	1	9.9	2	12.2	3,1,2	2,3,1
	5	16.4	4	14.7	3,1,2	2,3,1
8	1	11.7	2	12.5	2,2,2	2,2,2
	5	17.1	4	15.3	2,2,2	2,2,2
16	1	16.0	2	15.1	4,2,2	2,4,2
	5	20.0	4	18.2	4,2,2	2,4,2
32	1	19.5	4	18.1	4,2,4	4,4,2
	5	25.2	6	21.6	4,2,4	2,2,2,2,2
64	1	23.3	4	21.2	4,4,4	4,4,4
	5	28.9	6	24.9	4,2,2,2,2	2,4,2,2,2

进一步分析表 11.3 可以发现，与 C 设计的相对优势其实很小，因为与 C 设计的最小逻辑势的规模为 $n^{0.415}$，而简 C 的为 n。为了理解上述现象的原因，需考虑延迟的组成部分。$\rho = 4$ 时，式（3.28）可以写成

$$D \approx 4(\log_4 G + \log_4 H) + P \qquad (11.3)$$

这表明逻辑势仅仅是延迟的三个分量之一。对于最小逻辑势的树，与 C 设计可以根据下面公式计算出的因子来减小逻辑势延迟的占比：

$$\frac{\log n}{\log n^{0.415}} \approx 2$$

（11.4）

然而，寄生延迟与逻辑势延迟相当，降低逻辑势延迟对总延迟的影响很小。而且，当电路延迟很小时，树会很稠密，难以实现最小逻辑势，也许还会引起不符合最佳设计的层级势。当电气势很大时，电气势延迟这一项也很大，会使得节省的逻辑势延迟与总延迟的比值变小。结论就是无论电气势大小如何，仅仅考虑逻辑势来加速与 C 电路，会比期望的速度要小得多。

11.3 译 码 器

译码器对于内存和微处理器寄存器组寻址运算非常重要，其关键是译码速度。译码程序逻辑势一般很大，因为寻址位到所有译码器的扇出，以及译码器输出到内存中晶体管的扇出都很大。本节将从逻辑势的角度分析三种译码器的设计方法。

影响译码器设计的因素有很多种，最小逻辑势也许并不是最紧要的。布局因素很重要，因为通常情况下译码器和所定位到的内存单元必须具有相同的布局间距。整个译码器尺寸和负载都很重要，最小逻辑势的设计也许需要太大的负载和过多的晶体管，这是不现实的。最后，许多译码器都采用预充电方式来降低逻辑势，这里不分析这种设计方式。

11.3.1 简单译码器

图 11.7 是一个最简单的译码器：通过与树计算出每一个输出，连接到 n 比特地址位的逻辑真或者逻辑补值上。每一个地址位都连接了 2^n 译码器，一半为逻辑真，一半为逻辑补值。所以从一个地址位到输出的路径势为

$$F = 2^n G_{\text{and}}(n)H \qquad (11.5)$$

这里 $G_{\text{and}}(n)$ 是 n-输入与树的逻辑势。根据这个例子，考虑 64 个 32 比特位寄存器

构成的寄存器组，此时 $n=6$；如果每一个地址位负载是单个寄存器电容的 8 倍，

那么 $H = 32/8 = 4$。根据式（11.2），G_{and} 的下界为 2.10，产生的总逻辑势为 538。

这是一个很大的逻辑势，需要调用具有最小逻辑势的五层级与树。

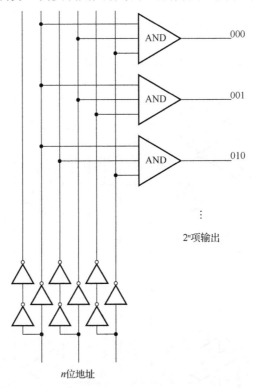

图 11.7   输入 n 位地址并产生 2^n 项输出的译码器

11.3.2 预译码

图 11.8 给出了预译码的理念。n 位地址形成 p 个组，每组 q 项，每一个组都

能产生 2^q 个预译码值。然后，p-输入与树的第二层将预译码信号关联到最后产生

的 2^n 个最终译码信号。那么来计算通过整个译码器的最长路径时所用的逻辑势，

每个地址位在第一层扇出 2^q 个预译码器，将会有一个 2^q 的分支势，译码器还会引入一个值为 $G_{and}(q)$ 的 q-输入与树的逻辑势。然后在第二层会扇出到 2^{n-q} 个与门，每个门的逻辑势为 $G_{and}(p)$ 。每一个地址位到输出的路径势为

$$F = 2^q G_{and}(q) 2^{n-q} G_{and}(p)H = 2^n G_{and}(p)G_{and}(q)H \tag{11.6}$$

令 $n = pq$ ，将此结果和式（11.5）相比较。尝试一小组值就能发现预译码结构和简单结构的译码器具有相同的逻辑势，其原因非常直观：预译码器结构实质上可以看作是一个与树，只不过是把从地址输入的扇出移到树的内部节点中了。

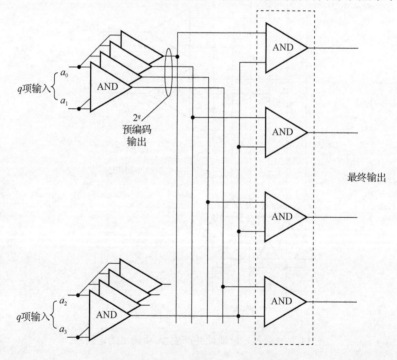

图 11.8　具有 q 位预译码功能的译码器

　　从以上分析并不能妄下结论说预译码没有带来什么好处。相比于其他设计，预译码需要使用的晶体管更少，而且比先前介绍的"瘦"树能够带来更紧致的结构。预译码代表了使用简单 n-输入门的译码器和使用最小逻辑势与树的一种折中。

11.3.3　Lyon-Schediwy 译码器

Lyon 等（1987）发明了一种新型译码器，基于大多数输出均为低电平的认知来降低逻辑势。与或门虽然是拉低电平的好方法，但是通常情况下却有着很差的逻辑势，因为大量串联的 PMOS 晶体管必然拉高输出电平。因为译码器只有一个输出位为高电平，所以有可能令所有译码器门来共享 POMS 晶体管，如图 11.9 所示，这是一个 3：8 的译码器，可被视为 8 个共享 POMS 上拉晶体管的 3-输入或非门。

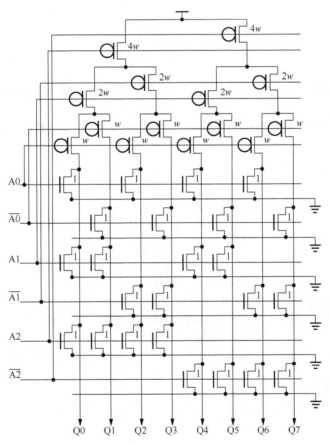

图 11.9　3-输入 Lyon-Schediwy 译码器

上拉晶体管的尺寸不应都一致，而是按照树形来设置晶体管的宽度。最低层的上拉晶体管宽度应该为 w，上一层的上拉晶体管应该为 $2w$，然后是 $4w$，以此类推。这种布图具有平衡输入负载的效果，所以输入将有相同的逻辑势。其他布图方式也许能降低某些输入的逻辑势，但是会增加其他输入的逻辑势。如果计算该布图方式下 n 个串联的上拉晶体管的电导率，让它等于参考反相器中宽度为 γ 的 PWOS 晶体管的电导率，可得

$$w = \gamma\left(\frac{1-\frac{1}{2^n}}{1-\frac{1}{2}}\right) \approx 2\gamma \qquad (11.7)$$

现在已经设计出了和参考反相器输出驱动相同的译码器，单逻辑势刚好等于每个输入的输入电容，除以 $1+\gamma$ 后就是参考反相器的输入电容。能够观察到每个输入都和 2^{n-1} 个宽度为 1 的下拉晶体管相关，上拉晶体管总共的宽度为 $2^{n-1}w$。所以单逻辑势为

$$G(n) = 2^{n-1}\left(\frac{1+\gamma\left(\frac{1-\frac{1}{2^n}}{1-\frac{1}{2}}\right)}{1+\gamma}\right) \qquad (11.8)$$

路径势为

$$F = G(n)H \qquad (11.9)$$

把该式与式（11.5）比较：地址位向译码器所有部分的扇出都被包含在了式（11.8）中。当 $\gamma=2$ 时，Lyon-Schediwy 译码器的路径势为

$$F = G(n)H = 2^n\left(\frac{5-2^{2-n}}{6}\right)H \leqslant 2^n\left(\frac{5}{6}\right)H \qquad (11.10)$$

根据式（11.5）及式（11.2）的下界，得出与树对应的表达式为

$$F = 2^n n^{0.415} H \tag{11.11}$$

这两个公式唯一的不同就是第二项，能够看出 Lyon-Schediwy 译码器的逻辑势总是小于与树。

11.4 选 择 器

CMOS 选择器是个很有趣的结构，选择器的逻辑势与其输入个数无关。这表明选择器输入个数可以很大，同时速度上不受折损，这与通常的感性认识不同。但有一个问题是宽体选择器的译码选择信号会产生很大的逻辑势，不是由数据输入引起的。考虑到寄生电容，会发现选择器根本不应该那么宽。事实上，经过大量研究，发现最好的方法是构建 4-输入选择器树。然而，有时候使用上限为 8-输入选择器也有益处。

11.4.1 选择器的宽度

r 选 1 的选择器有 r 个相互独立的选择臂。图 11.10 给出了每个臂的形式，定义了一些重要的电容。C_{out} 是由选择器驱动的负载电容，C_{in} 是数据输入晶体管栅极的电容，C_s 是寄生电容主要由漏极扩散引起，选择器的每个臂对这些值都有贡献。注意到该电路中选择信号 s 和 $\bar{s}$ 很靠近输入，有助于降低未选取的选择器对共同输出提供的寄生电容。寄生电容模型（见表 1.2）估计的 r-路选择器的寄生延迟为 $2rp_{inv}$。

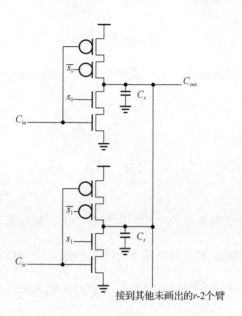

图 11.10 r-输入选择器的晶体管结构

图 11.11 给出了选择器的一个分支结构，所有分支一起选择 n-输入中的一个。分支结构包括 n_m 层选择结构，每一层都有 r 路分支。分支结构后面有 n_a 层级的放大器。令 C_{out} 作为放大器串所驱动的负载电容，C_{in} 作为 n-输入中一个输入的输入电容，那么单电气势为 $H = C_{out} / C_{in}$。

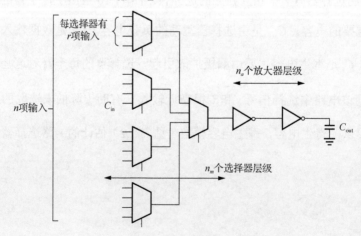

图 11.11 具有 N 选 1 功能的 r 路选择器树

现在可以开始刻画表达选择器树性质的公式了。已知 $n = r^{n_m}$，或 $r = n^{1/n_m}$，或 $n_m = (\ln n)/(\ln r)$，将选择层级的电气势定义为 h_m，放大层级的电气势为 h_a。通过这些值，可以计算出

$$d_m = 2h_m + 2rp_{\text{inv}} \tag{11.12}$$

$$d_a = h_a + p_{\text{inv}} \tag{11.13}$$

$$D = 2n_m(h_m + rp_{\text{inv}}) + n_a(h_a + p_{\text{inv}}) \tag{11.14}$$

式中，d_m 是选择层级的延迟；d_a 是放大层级的延迟；D 是总延迟。

注意选择器的单逻辑势 2 是如何出现在第一个公式的。想要延迟 D 最小，主要限制总电气势：

$$H = h_m^{n_m} h_a^{n_a} \tag{11.15}$$

逻辑势理论表明为了得到最快的速度，所有层级承担的逻辑势应该是一样的，这表明 $2h_m = h_a$。尽管所有层级的逻辑势一样，它们带来的延迟却不同，因为通过一个层级的延迟是势延迟和寄生延迟的总和。但是不管寄生延迟如何，逻辑势理论的原则：每个层级承担的逻辑势一致会产生最低的全局延迟。然而，寄生延迟会影响最佳层级个数。

再将焦点转向最佳层级个数的选择上面，选择器树形结构要求有 n_m 个选择层级，但是为了实现最小延迟，可以灵活设置放大器层级的个数 n_a。注意 $2h_m = h_a$ 和 $r = n^{1/n_m}$，从式（11.14）中得到

$$D = (n_m + n_a)\left(2^{n_m} H\right)^{1/(n_m + n_a)} + 2n_m n^{1/n_m} p_{\text{inv}} + n_a p_{\text{inv}} \tag{11.16}$$

第一项是电路网络中熟知的 $NF^{1/N}$ 势延迟，第二项是选择层级的寄生延迟，第三项是放大器层级的寄生延迟。通过计算最小化 D 时的 n_m 和 n_a 值，可以找到最快的电路结构。由 n_m 的最佳值就能够得到最佳选择器的宽度：$r = n^{1/n_m}$。

在开始最小化这个延迟之前，先来预测一下结果如何。假定总的电气势为 H，观察到 n_m 个折叠选择器层级的逻辑势为 2^{n_m}，所以总逻辑势将会是 $F = 2^{n_m} H$。如果每个层级要承担的最佳逻辑势为 ρ，层级的最佳个数为 $n_m + n_a = \ln H / \ln \rho$。解出 n_a，得到

$$n_a = n_m \left(\frac{\ln 2}{\ln \rho} - 1 \right) + \frac{\ln H}{\ln \rho} \tag{11.17}$$

上式表明：随着电气势的增大，层级数会增加。但是它也表明，有一些情况下，不再需要放大器，即 n_a。例如，如果 $H = 1$，那么 $n_a = 0$，因为总是有 $\rho \geq 2$ [见式（3.25）]。由于不超过 1，所以放大器的个数只能为 0。

这样的结果还有一种直观的解释，选择层级的逻辑势为 2，小于最佳设置比 ρ，通常情况下取其值为 $e = 2.718$ 或者更大。因此选择层级会有一些增益，如果每层级的平均电气势小于 $\rho / 2$，就不再需要额外的放大层级。当然，对于电气势足够大的电路来说，就需要额外的放大器了。

现在来找一找 n_m 的最佳值，再计算选择器的最佳宽度 $r = n^{1/n_m}$。因为式（11.16）有两个相互独立的变量 n_m 和 n_a，以及公式本身的复杂性，最小化此公式更复杂。最简单的情况是 $H = 1$，能够观察到 $n_a = 0$，这种情况下得到

$$D_{H=1} = 2n_m \left(1 + p_{\mathrm{inv}} n^{\frac{1}{n_m}} \right) = 2 \left(\frac{\ln n}{\ln r} \right) \left(1 + r p_{\mathrm{inv}} \right) \tag{11.18}$$

上式对 r 求偏导并让它等于 0，会发现

$$1 + \frac{1}{r p_{\mathrm{inv}}} - \ln r = 0 \tag{11.19}$$

确定选择器的一些寄生电容信息后，根据这个公式就能计算选择器的宽度 r 了。可以看到最佳宽度与总的输入个数 n 无关。

根据式（11.19）计算，图 11.12 绘出了 p_{inv} 取不同值时的 r 值。实际上，为了

使译码易于管理，要求 r 必须是 2 的幂。有了这个限制，从图中可以很清晰地看出，为了使寄生电容的贡献合理，选择器应该含有 4 个输入。

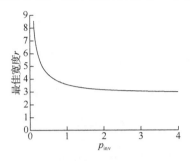

图 11.12　选择器的最佳宽度是寄生电容 p_{inv} 的函数

为了验证这个结论，将会在电气势值不是 1 时，分析一下式（11.14）。相比于式（11.19）的预测值，这项分析会导致 r 值轻微地变小，会在习题 11.2 中看到这个现象，但是实际上选择器的最佳宽度依旧是 4。

11.4.2　中等宽度的选择器

上一节的分析建议在设计很宽的选择器时，采用的是 4-输入选择器的树形结构。但是如果选择器有 6 个输入、10 个输入怎么办？最好的办法是建立一个 4-输入选择器和一个 2-输入或者 3-输入的选择器的组合结构？还是使用单个 6-输入或 10-输入选择器？在超标量执行单元的旁路通道电路中，这种中等宽度选择器很常见。

该问题的答案既取决于这种路径的电气势负载，也取决于输入个数。在电气势较高的电路中，一个二层级设计在驱动负载和降低寄生电容方面更有帮助。因此，考虑实现中等宽度选择器的三种拓扑结构：

（1）一个 n-输入选择器；

（2）一个后面跟着反相器的 n-输入选择器；

（3）一个后面跟着 $\lceil n/4 \rceil$ 选择器的 4-输入选择器。

通过比较以上三种选择的延迟公式就可以得出最佳设计。图 11.13 给出了最佳设计中 n 和 H 的取值范围。前两种设计间选择取决于电气势：大电气势能驱动更多层级。在驱动大电气势方面，第三种设计优于第一种，但是不如第二种。所以，选择器是否被分解为树形依赖于电气势。电气势超过 12 时，考虑 3 层设计很有必要。

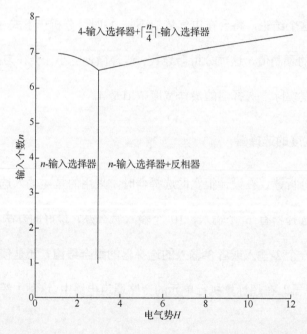

图 11.13 $p_{inv}=1$ 时，已知 n 和 H 条件下的最佳选择器设计

图 11.13 说明，使用 6～7 个输入的选择器很有用。这个临界值取决于寄生电容，如果电容临界值为 2，8～10 个输入的选择器就会变得很有用。

11.5　本章小结

本章调研了很多树形结构的设计。随着输入个数的增加，树形结构的逻辑势增长速度要慢于具有相同功能的单个逻辑门结构的逻辑势。本章中得到关于树形结构的两个结论：

（1）最小逻辑势树比较深，含有较低的分支因子，也就是说逻辑门的输入个数为 2～3 个。而且，这些树从不使用或非门，因为与非门和反相器能够实现同样的功能，并且逻辑势更小。

（2）使用具有最少逻辑势的树并不一定是值得推荐的选择，为了最快的速度，这些树也许需要太多的层级数。稠密一点的树，逻辑势会大一些，有更少的层级数，但是也许延迟会降低。

把树形结构应用到 C 单元和译码器设计中，可以看到，逻辑势不过是延迟的组成部分之一，通常电气势和寄生电容决定大部分的延迟。因此，树形 C 单元的延迟优于通过对其进行简单逻辑势分析得出的值。同样的，宽体选择器最好分解为 4-输入选择器组成的树，虽然增加了逻辑势，但是能减少寄生延迟。

11.6　习　　题

[25] 11.1　Lyon-Schediwy 译码器以或非门实现，给出与非门实现方式并计算单逻辑延迟。哪一种逻辑势较小？

[30] 11.2   参照 11.4 节的后部分，找出对于 $H > 1$ 时最佳的选择器宽度，以上结果
        将会取决于 n。画出 $n = 16$，$H = 4$、16、64 时，r 作为 p_{inv} 的函数的最佳值。
        r 随着 H 如何变化？

[25] 11.3   令 $p_{inv} = 0.5$，参照图 11.13，画出已知 n 和 H 条件下的最佳选择器
        设计。

第 12 章 总 结

12.1 逻辑势理论

工程师在设计电路时会遇到一些普遍性难题，逻辑势理论为这些问题给出了答案，包括：计算逻辑功能最快的方式是什么？应该用多少逻辑层级？该怎样设置门的尺寸？应该选择什么电路系列和拓扑结构？

许多工程师都知道 Mead 和 Conway 的结论（Mead et al., 1980），无寄生电容的串联反相器在统一延迟设置（set-up）比 e 下具有最小延迟。这个结论怎么才能运用到更复杂的逻辑功能？当考虑到实际的寄生电容时会如何？

逻辑势理论起源于一个简单的逻辑门延迟模型，逻辑门延迟分为两部分：驱动内部寄生电容引起的固有延迟，以及驱动负载电容的势延迟。这种势依赖于负载大小与门尺寸的比值和门的复杂度。第一种被称为电气势，定义为

$$h = \frac{C_{\text{out}}}{C_{\text{in}}} \qquad\qquad (12.1)$$

用一个称为逻辑势的数来表示门的复杂度。逻辑势 g 是门的输入电容与能够产生等量电流的参考反相器的输入电容的比值；换言之，它描述了一个门应该比参考反相器大多少，才能具备这种反相器的驱动负载能力。根据此定义，参考反相器的逻辑势应该为 1。

贯穿单个逻辑门的延迟可以写为

$$d = gh + p \qquad\qquad (12.2)$$

式中，p 是固有延迟；gh 项称为 f，表示层级势或者势延迟。结果的单位是 τ，表示能够驱动等价的不含寄生电容理想反相器的反相器延迟。

绘制同参考反相器具有相等输出驱动的门，就能对逻辑势估值，当然也可以从"延迟-扇出"的仿真曲线提取出逻辑势。逻辑势取决于 γ，即反相器中 PMOS 与 NMOS 晶体管尺寸的比值，常常为不同 CMOS 工艺制程取 $\gamma = 2$，这样易于计算。表 12.1 列出了多种电路系统中门电路的逻辑势。

表 12.1 $\gamma = 2$ 时不同电路系统中各类门电路的单逻辑势的典型值

逻辑门类型	静态 CMOS	高偏斜	低偏斜	动态	伪 NMOS
反相器	1	5/6	2/3	2/3	8/9
2-输入与非门	4/3	1	1	1	16/9
3-输入与非门	5/3	7/6	4/3	4/3	8/3
4-输入与非门	2	4/3	5/3	5/3	32/9
2-输入或非门	5/3	3/2	1	2/3	8/9
3-输入或非门	7/3	13/6	4/3	2/3	8/9
4-输入或非门	3	17/6	5/3	2/3	8/9
n-输入选择器	2	5/3	4/3	1	16/9
2-输入异或门	4	10/3	8/3	2	32/9

沿着某条路径的延迟的计算方式也类似。路径的逻辑势 G 是由该路径上所有门的逻辑势的乘积，路径的电气势 H 是路径的负载电容除以其输入电容的商，路径的分支势 B 计算内部扇出，这三项的积就是路径势 F，它一定等于每个层级的层级势的乘积。最后，路径固有延迟 P 是路径中门的固有延迟的和。已经分析得知，当路径上各层级具有相等层级势时，总延迟最小，值为

$$\hat{f} = g_i h_i = F^{1/N} \tag{12.3}$$

现在也明确了如何裁剪给定路径上的逻辑门以达到路径延迟最小，已考虑到各种复杂逻辑门情况。但是怎样才能知道路径本身的设计是良好呢？一个好的路径中其层级数一定是合适的，此时路径上的每个层级都选择具有最小逻辑势和寄生延迟的门。一方面，路径势和最佳层级势决定了层级数目的最佳值。另一方面，对那些没有寄生延迟的门，最佳层级势是 $e \approx 2.7$；而对于具有实际寄生延迟的门，最佳层级势会更大，其原因在于使用更少的层级以降低路径的寄生延迟。经过一系列的假设分析，四层级延迟是个很不错的选择，当然了工程师有选择最佳层级数的自由，从 2.4～6 的层级势仅仅带来不超过最小值 15%的延迟。所以，最佳层级数大约是

$$N \approx \log_4 F \tag{12.4}$$

工程师不仅要选择合适的层级数，而且会使用逻辑势较小的门，例如在静态CMOS 中，与非门优于或非门。输入个数少的多层级门的逻辑势小于多输入的单个门，实际上考虑到寄生延迟和逻辑势，快速门的串联晶体管数一般不超过 4。路径设计也许要多次迭代，因为路径的逻辑势取决于它的拓扑结构，在不知道逻辑势的情况下最佳层级数也不能准确获悉。

逻辑势也能够解释和量化不同电路系列的优点。例如，多米诺电路快于静态

电路，因为多米诺电路的逻辑势更低。由于较低的电气势，伪 NMOS 宽体或非结构也很快。当静态 CMOS 不能满足延迟需求时，就要去考虑其他的电路系列。

12.2　顿悟逻辑势

在电路设计的多个方面，逻辑势理论都极具价值和洞察力。尽管与逻辑势相同的结果要么来自长期的设计实践，要么来源于不计其数的电路模拟，但它们却能够方便直观地从逻辑势方法分析而出。这里列出如下引人注目的结果：

（1）数值化的"逻辑势"思想非常强大，它体现出电路网络中一个逻辑门或者一条路径的延迟特性。根据逻辑势可以比较电路的拓扑结构，并且能够表明拓扑结构优良的原因。

（2）当每一个层级的势延迟相同时，电路是最快的，而且应该选择层级数让这个势大概为 4。CAD 工具能够自动地检测设计并标示那些势选择不佳的节点。

（3）对于相对于最优值的适度偏差，路径延迟很不敏感，2.4～6 的层级势设计所带来的额外延迟不超过最低延迟的 15%。因此，工程师可以自由地去调整层级数。逻辑门的尺寸计算通过手算或粗略脑算就能求出一或两位有效数字的值，这个结果很接近拓扑结构的最低延迟，所以通过电路模拟器来调整晶体管尺寸并不会做得更好。

（4）一条精心设计的路径的延迟大约为 $4(\log_4 G + \log_4 H) + P \approx \log_4 F$ 倍的 4-扇出（FO4）延迟。路径每驱动一个 4 倍的负载就增加一个 FO4 反相器的延迟。因此，驱动一个 64 位数据路径的控制信号会带来大约为 3 个 FO4 反相器的放大延迟。

（5）逻辑门的单逻辑势会随着输入个数的增加而增加，这与逻辑门自身无关，体现出了多输入门的代价。逻辑势能够比较宽且浅的设计和窄且深的设计。

（6）综合考虑逻辑势和寄生电容，可以发现逻辑门的极限是四个串联晶体管，选择器的极限是四个输入选择器，超过了这个宽度，最好是把门分成多层级的窄体逻辑门。

（7）当一个输入明显比其他输入到来得迟时，不要再平衡逻辑门输入，增大提前到来的输入上的晶体管的尺寸，就能减少延迟。

（8）令 P/N 值等于上升和下降延迟相同时宽度比的平方根，就可以最小化逻辑门的平均延迟，同时也会改进逻辑门的面积和功耗。与该值接近的其他宽度比也会带来不错的结果，所以反相器 P/N 值 1.5 几乎适用于所有的工艺制程。

（9）当上升或者下降转换延迟可以影响到整体时，关键延迟就能够通过倾斜门来得以改善，得通过降低大约 2 个因子的非关键晶体管尺寸才能达到。

（10）逻辑势量化了不同电路系列的优点，事实表明伪 NMOS 适用于宽体或非结构，Johnson 型采用对称或非门后，其性能甚至更好。多米诺逻辑快于静态逻辑，因为它使用的是低逻辑势的动态门和偏向关键转换的倾斜静态门。多米诺逻辑的最佳层级势为 2～3，因为多米诺缓冲器比静态反相器的放大能力强。

（11）通常分支电路的各分支路径间相差应不超过一个逻辑门。输入电容应该按照每个支路的势所占的比例在不同的支路中分配，最好是使用 1-2 叉或者 2-3 叉，而不是 0-1 叉，因为这样电容能够在支路之间得以平衡。

对于计算复杂性来说，逻辑势也许是一个很有用的度量标准。把两个 N 位数相加起来需要的最小逻辑势是多少呢？乘起来又是多少呢？在描绘完成一个计算所用的时间和空间代价方面，基于逻辑势的计算代价模型比简单地数逻辑门个数要精确得多，当然也许输入的数目会受到限制。利用逻辑势分析更复杂问题有可能会带来对计算限制的新认识。关键不在于一味降低逻辑势，而是在逻辑势这种个统一的基础上可以评估可选的不同电路对性能的影响。

12.3 设 计 流 程

图 12.1 的简单设计流程可以说明逻辑势的使用方式。当分支很少时，路径势很容易计算，更不需要迭代计算，可以直接应用 1.5 节的设计过程。但是当电路有很多复杂的分支和导线电容时，本节介绍的流程有助于根据路径势的初始假设，通过有限次迭代精化为好的设计。

该设计流程起始于描述路径功能、输入/输出电容和最大允许延迟的模块规约（block specification）。缺乏经验的电路工程师常常只关注电路功能和输出电容，具体表现在如果某模块规约没有描述输入电容的界限，那么增大逻辑门的尺寸就能将此模块设计得任意快，但此时前面模块的速度会不可避免地变慢。同样的，如果不事先给定延迟规约，工程师就无法得知什么样的设计才"足够好"。可行性研究也许要求我们探索尽可能快的设计实现，但是，如果电路设计得比需求快，那么实际的设计会在空间、功耗和设计时间方面产生极大的浪费。

给定了模块规约，工程师就能选择一种拓扑结构了。关键路径也许会使用多米诺电路或者速度更快的特殊电路系列，但是有疑虑的时候最好从静态 CMOS 开始。最佳层级数来自基本的逻辑势计算，但是随后也许会修正。总之得用逻辑势标记每一个门。

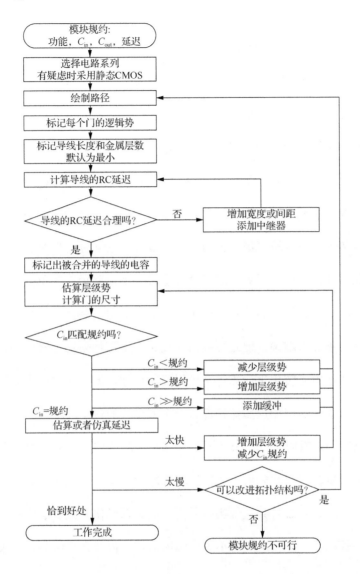

图 12.1 电路设计的流程图

接下来，工程师应该考虑互连问题。经过长导线的导通时间与驱动尺寸没有

什么关系，每根导线都要标记其长度、金属层（比如 metal4）、线宽和间距。除非

导线是影响电路性能的关键，不然导线就设置为默认的最小线宽和间距。根据这

些参数，工程师才能够计算出导线电阻 R、电容 C 和分布延迟 $RC/2$。当导线延

迟足够小，也许小到比门延迟还小，该导线就可接受了。但是如果延迟很大，工程师需要增加线宽或者间距，或者插入中继器。一旦导线设计完成了，在逻辑势分析时，导线被视为一块电容。

此时再来选择逻辑门的尺寸。如果没有长导线或者分支，各逻辑门的层级势就应该是相等的。如果有关键导线，还需要分析关键导线间的逻辑门的电路片段，不同的片段可能要求不同的层级势。在各片段中，工程师必须估算路径势，然后计算层级势。静态逻辑层级势大约为 4，多米诺逻辑的大约为 2.75，如果与这两个数据相差甚远，就需要添加或者合并层级。如果路径有简单分支，并且各支路都对称，路径势就很容易确定。如果路径的分支很复杂，导线长度中等，那么估算也许就会不那么准确，但是可以后期校正。工程师采用由输出到输入向前计算的方式，通过电容转化来计算每个逻辑门的尺寸，但实际的约束有时候会限制逻辑门尺寸的选择。例如，晶体管都有一个所允许的最小尺寸，工艺库也会对门的尺寸有所限制。有时候为了节省面积和功耗，应该减小大驱动器的尺寸。

分配好逻辑门尺寸之后，还得比较实际输入电容与规约值。如果输入电容小于规约值，那么层级势会大于实际所需，故可以优化并减少层级势。如果输入电容超过了规约值，那么层级势小于实际所需，就得增大层级势。如果输入电容远超过规约值，可能是该设计的层级数过少，那么就应该在路径的末尾加入缓冲。

一旦输入电容满足规约，就应该通过模拟、静态时序分析，或者手算电路延迟。一般来说，此时的设计会比规约需求的快得多。增加层级势并同时降低输入电容能够减少电路面积，并为前面的路径提供较小负载。

墨菲定律（Murphy's law）表明通常情况下设计出的电路都过慢。一个常见的错误就是为了提高速度而调整路径中晶体管的宽度，这种情况下如果使用逻辑势过程无误，就会得到失败的分析结果，因为严格按照模型所允许的，理论上逻辑门宽度已经为最小延迟裁剪过了。通常，问题可以简单地用扩大路径中所有器件的尺寸来"解决"，但是这种解决办法会违背输入电容规约，把问题推给了前面的路径，也会导致所设计的逻辑门过大。一种更好的方法是重新考虑整体的拓扑结构。可以使用更快的电路系列，也可以重新调整逻辑门使其偏向于后到的输入。如果找到了更好的拓扑结构，则重复尺寸调整过程。如果拓扑结构和尺寸已经进行了彻底的优化，若模块规约还不可行，则必须对该规约进行修正。有时候只要使用一点逻辑势的办法，就可以发现规约是否符合实际。

前面的设计流程已经过实践，易于使用而且适用于广泛的电路设计问题。这种方法仅仅是一种基础指导，工程师也应该相信自己的直觉和问题领域的专业知识。

12.4　其他设计路径的方法

在逻辑势方法没有出现之前，工程师多年以来采用其他方法选择拓扑结构和逻辑门尺寸。本节给出一些可选的方法，并讨论每一种方法相对于逻辑势方法的优点和不足之处。

12.4.1　模拟和微调

没有逻辑门尺寸设计经验的电路工程师倾向于使用模拟和微调的方法来裁剪逻辑门尺寸，从一个随机选择的正确实现逻辑功能的拓扑结构开始，模拟一下该电路，若太慢，就试着增大门的尺寸。这种方法仅仅将问题从一个门推向另一个。可能经过进一步的模拟得出拓扑结构太慢的结论，压缩该逻辑函数的层级数，希望通过减少门的个数来降低延迟，但如果先前拓扑结构的层级势过大，以上方法只会恶化延迟。当积累了足够的经验后，工程师就会着手从路径的选择和设计两方面启发式地改进策略。然而，这种方法带来的枯燥和耗时的反复模拟环节，会破坏电路设计的乐趣。

工程师能读到这本书是很幸运的，因为他们不但从经验丰富的工程师这里得到了有价值的指导，而且他自己可能就会发现模拟和微调并不是一个好方法，理应发展更好的方法来进行电路设计。

12.4.2 等量扇出

一种更好的技术是在每个层级中采用等量扇出，并且扇出的目标个数大概为4。4 扇出的反相器链是最快的，该方法正是这个结论的直接扩展。扇出这个术语能够用于代替电气势。等量扇出设计对于像译码器这类逻辑势倾向于低的电路来说足够了，但是对于逻辑势较大的路径却不理想，这种设计会导致层级势远大于 4。

12.4.3 等量延迟

另一个改进设计的技术是延迟分配或者层级延迟均衡化。这种设计同样被证明也非最佳，因为它会均衡总势和寄生延迟，而不仅仅是势延迟。然而，因为路径延迟是精确尺寸的弱函数，所以等量延迟可以给出较好的结果，除非寄生延迟非常大。对于特定工艺制程能够得到每个层级的优化延迟，给定一个延迟规约，能够给出所要使用的层级数。等量延迟方法中尺寸调整方法有很多实用的优点，通常会给一些以皮秒计并且与层级数息息相关的规约。CAD 工具也会给出以皮秒计的延迟，所以反复调整电路尺寸，当延迟相等时就可以进行自动优化。这比调整尺寸直到势相同要简单，因为逻辑势不能够直接通过模拟或者静态时序分析获得。

等量延迟无法得出最佳结果,此外这种尺寸调整方法还有一些理论上的缺陷。对于电路和扇出的代价并没有给予足够的考量,而且所产生以皮秒计的结果依赖于工艺制程,一个工艺制程所发展出来的知识更难扩展到下一代制程。

等量延迟尺寸调整方法和逻辑势方法都将在工程师的工具箱中占有一席之地。逻辑势在推理电路和简单计算得出拓扑结构方面最有用。但确定满足延迟规格要求的低开销电路,或者在基于模拟或者静态时序分析调整电路时,等量延迟尺寸调整方法更方便。

12.4.4　数值优化

有很多可用的软件工具利用计算机的速度优势进行数值计算以优化电路尺寸。Visweswariah(1997)综述了数值电路优化的原理和面临的挑战。因为运用这些工具能够得到优化结果,也能够使用比简单 RC 延迟模型更加精确的模型,那我们这种手工技术为什么还有意义呢?

逻辑势方法最大的价值是它所提供的洞察力。为了能够得到最快的速度,数值优化器调整给定路径以获取最大速度时,它既不能解释为什么该路径快,也不能确定最开始给出的拓扑结构设计就是良好的。而且,数值优化方法容易陷入局部最优,除非用户差不多知道想要的结果,否则这种方法可能不会求得有意义的结果。综合工具在探索拓扑结构方面做出了许多努力,但是仍然不能在关键路径方面跟经验丰富的工程师相匹配。而且,在工程师的头脑中有针对设计的多种假设,比如性能、布局规划、导线,以及和其他电路之间的接口,所以将这些假设刻画为对优化工具的约束过程,可能比人工选择合理尺寸耗费的时间还要长。最后,电路的精确优化基本上都是非线性问题,当应用到实际的电路设计中时,也会带来很多计算时资源和收敛方面的问题。

12.5　逻辑势方法的缺陷

逻辑势基于一个非常简单的前提：均衡各层级的势延迟。简单易行是这种方法最大的优点，但是这同时也带来了许多局限：

（1）RC 延迟模型过于简化。尤其是它难以捕捉实际中速率饱和以及可变上升时间带来的影响。但幸运的是，设计良好的电路具有相等的势延迟，其上升时间也趋于相等，更幸运的是，依据特定逻辑门的逻辑势，速率饱和就能够通过模拟来得以解决。

（2）逻辑势解释了如何设计运行速度最快的路径，但是如何设计固定延迟约束下最小面积或功耗的路径，它并不能给出简单一点的方法。

（3）在针对具有分支，且各分支层级数或寄生延迟不同的路径进行逻辑势的计算时，会很困难。通常这种逻辑势计算需要迭代。当固定导线（fixed-wire）电容和门电容相当时，也需要迭代。

（4）许多实际的电路过于复杂而无法手工优化。例如，第 11 章中出现的问题是通过查电子数据表或者编写简单脚本解决的。假定有时候必需数值优化时，也许优化软件应该使用更精确的延迟方程。

12.6　离　别　语

电路设计的乐趣之一在于设计性能越来越高的芯片时的挑战，高速处理器把电路设计推向了极限。在最低的电压下运行的高速设计，就是所谓的低能耗电路。每个电路工程师经常面对的问题就是如何选择高速电路拓扑结构以及如何选定晶体管的尺寸才能达到最快的速度。最后，每一个优秀的工程师都发展出一套高速电路设计的启发式经验方法。逻辑势方法并不能完全代替这种洞察力，但是可以作为一个补充，因为它提供了一种简单有效的框架，对电路延迟做出了合理的推导，并且为工程师交流他们的想法时提供了一种通用语言。

更重要的是，希望这本专著能够帮助电路设计的入门者，让他们能够更快地发展出自己的直觉，否则若没有逻辑势方法，将经历过多的没完没了的模拟和逻辑门的尺寸调整工作。因此，希望这本书确实提供了一个有用的可用于教学的工具。

熟练掌握逻辑势的唯一途径就是使用它。起初，你也许会觉得它缓慢而笨拙，但是经过多次实践以后，你会更加熟练并且将很快发现，在设计高速电路时逻辑势方法成效斐然！

附录 A 术 语 表

本书中的符号符合以下规定：

（1）所有逻辑门的工艺制程的参数和设计参数统一用希腊字母表示。

（2）逻辑门输入和输出用单个的小写字母表示，如 a、b 和 c。下标被用于指明电路网络中某条路径上的各个逻辑层级。

（3）方程中用于模拟晶体管性质的量，其格式与传统方式保持一致。

主要的符号如表 A.1 所示。

表 A.1   主要符号

d	电路网络中单个层级的延迟，也称为"层级延迟"。通常加上后缀来确定地表示电路网络中的层级
D	贯穿整个电路网络的某条路径的整体延迟
$\hat{D}$	当优化电路网络以达到最小延迟时，贯穿整个电路网络的某条路径的整体延迟
g	单个逻辑门的单逻辑势或者簇逻辑势。通常加下标以表示具体输入、簇或者电路网络的单个层级。选择 g 来表示逻辑势的原因在于，它是单词"logic"中第一个不会引起歧义的字母，l 和 o 可能会与数字 1 和 0 混淆
g_{tot}	单个逻辑门的全逻辑势，通常加下标以表示电路网络中的单个层级
G	由贯穿电路网络中一条或者多条路径引起的路径势，通常加上字母后缀来表示网络中两点间的逻辑势，比如 G_{ab} 是从 a 到 b 路径上的逻辑势
h	单个层级上的电气势 $h = C_{out}/C_{in}$，指的是逻辑门负载电容和某输入端输入电容的比，通常加下标指明电路网络中的某个层级。选用 h 作为电气势符号的原因在于，公式 $f = gh$ 读起来为字母序
H	由贯穿电路网络中一条或者多条路径引起的路径上的电气势，通常加上字母下标来表示网络中两点间的电气势，比如 H_{ab} 是从 a 到 b 路径上的电气势
b	单个逻辑门输出引起的分支势，常常加下标指明电路网络上的层级

B	由贯穿电路网络中一条或者多条路径引起的分支势。我们不计算电路网络的最后层级中的分支势，因为电气势已经反映出最后层级的势
f	具有电气和逻辑特质，由单个层级导致的势 $f = gh$，通常加下标指示出电路网络中的层级，有时也被称为势延迟，表示了单个逻辑门由势引起的延迟。选用 f 作为"势"的符号，其原因在于字母 e 极有可能被混淆为自然常数 2.718
$\hat{f}$	f 的最优值，表示路径上的层级数确定后，路径的最小延迟
ρ	$\hat{f}$ 的最优值，用于挑选路径上的层级数以达到路径延迟最小
F	牵涉到电气、分支和逻辑特征的路径势，由贯穿电路网络的一条或者多条路径导致：$F = GBH$。通常加上字母后缀来表示网络中两点间的路径势，比如 F_{ab} 是从 a 到 b 路径上的路径势
P	逻辑门的寄生延迟
p_{inv}	反相器的寄生延迟
P	电路网络中一条路径上的寄生延迟
N	一条路径上的层级数
R	电阻。R_w 表示金属导线每单位长度的电阻
C	电容。C_{in} 是逻辑门或者贯穿电路网络路径的输入电容，C_{out} 是逻辑门或者贯穿电路网络路径的负载电容，C_w 是金属导线每单位长度的电容
L	晶体管长度。比如对于反相器而言，L_n 是 N 型晶体管的长度，L_p 是 P 型晶体管的长度
W	晶体管宽度。比如对于反相器而言，W_n 是 N 型晶体管的宽度，W_p 是 P 型晶体管的宽度
τ	理想反相器的延迟，理想反相器不受寄生（stray）电容驱动
γ	PMOS 上拉晶体管的形状因子与 NMOS 下拉晶体管的形状因子的比值 $\gamma = (W_p / L_p)/(W_n / L_n)$。通常情况下 $\gamma > 1$
r	逻辑门的 P/N，参见下面的 P/N
P/N	任意逻辑门中 PMOS 上拉晶体管的形状因子 (W_p / L_p) 与 NMOS 下拉晶体管的形状因子 (W_n / L_n) 的比值 r。对于参考反相器而言，P/N 等于 r。对于 2-输入或非门而言，P/N 必须为 $2r$ 才能使上升和下降延迟分别成比例于参考反相器
μ_n	N 沟道器件的迁移率

μ_p	P 沟道器件的迁移率
μ	N 沟道器件的迁移率与 P 沟道器件的迁移率的比值:$\mu = \mu_n / \mu_p$。通常 $\mu > 1$。注意:μ 是 N 到 P 的迁移率比;γ 是 P 到 N 的形状因子比

"层级"和"路径"可作为形容词置于逻辑势、电气势、势、势延迟和寄生延迟之前。当形容词"全"置于"逻辑势"之前时,表示逻辑门所有输入的单逻辑势之和。

附录 B　参考的制程参数

本书中的许多例子都采用了典型的 0.6μm 和 3.3V 制程,其主要参数见表 B.1。为了简化计算,例子中用的一些参数和第 5 章模拟时用的值有细微区别,比如,用 $p_{inv} = 1$ 来代替了 1.08。

表 B.1　逻辑势例子中使用的制程参数

$\tau = 50\text{ps}$	基本单位延迟
$p_{inv} = 1$	反相器的寄生延迟
FO4 延迟 $= 5\tau = 250\text{ps}$	4-扇出反相器的延迟
$\rho = 3.59$	由 p_{inv} 和方程（3.25）可得
$\gamma = 2$	反相器中上拉和下拉晶体管的宽度比值
$C_g = 2\left(\text{fF}/\mu\text{m}\right)$	逻辑门长度限定为最短时,每微米长度的电容
$C_d = 2\left(\text{fF}/\mu\text{m}\right)$	每微米长度的扩散电容
$C_w = 0.2\left(\text{fF}/\mu\text{m}\right)$	每微米长度的最窄导线电容

附录 C 精选习题的解

C.1——第 1 章

1.1 两个设计的路径势分别为 $F_a = 8$ 和 $F_b = 10$,所以图 1.11(a)设计得更快。实现最小延迟的逻辑门尺寸为 $x = 2.12C$ 及 $y = 3.16C$。

1.3 是的,可以改进,因为层级势不相等而且太大了。最佳层级数 $\hat{N} = 5$。可以添加两个反相器,将每个层级的势调整为 3.6。

1.5 $T = 80\tau$。

C.2——第 2 章

2.1 延迟方程为 $\hat{D} = 6(2.96H)^{1/6} + 9.0$。从图 C.1 可以看出,层级越多其驱动能力越强。设计 b 总是比设计 a 好。

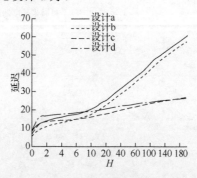

图 C.1 习题 2.1 的解

2.3 额外的反相器延迟为 10,其他的延迟分别为 $x = 35.2$, $y = 15.5$, $z = 27.3$。四层级设计的延迟为 21.1,能快 5%,但差异并不显著。

2.5　与非门比或非门快。

2.7　有很多可能的解，图 2.6 的设计更能符合延迟约束，在保持足够延迟时，可减少尺寸以缩减面积和功耗。

C.3——第 3 章

3.1　拉电流的电流强度为 $I_i = I_t \times \alpha$。对于 k_3 而言，$d_{abs} = k_2 \left(C_{out} + C_{pi} \right) / I_i$。定义一个有效阻值 $R_t = k_3 / \left(k I_t \right)$ 并替换此阻值可得式（3.6）。其他的逻辑势公式也由此可得。

3.3　采用归纳法证明。显然，只有一个层级时结论正确。假设结论在 N 层级时正确，来证明它在 $N+1$ 层级也正确。令路径势为 F，第一个层级的层级势为 f_1。已证明剩下的 N 个层级都会有相同的势，值为 $f = (F / k_1)^{1/N}$。写出延迟方程，并对 f_1 求导，可以证明当 $f_1 = f$ 时，延迟最小。

3.5　假设由这一串门构成的路径最后需要驱动一个适度的大负载。反相器具有小的逻辑势值，所以它非常适合作为拥有大电气势的缓冲器来用。可将其他逻辑门设计得小一点，这样它们的面积小功耗也低。当然了，有时也将反相器放在逻辑门前面，根据德摩根定律将或非门变为与非门以减少路径上的逻辑势。

C.4——第 4 章

4.1　图 C.2 给出了一种修改方法。额外的小尺寸静态（staticizing）晶体管可以最小化面积和寄生负载，同时提供足够的电流抵消锁存器的漏电流，最小尺寸的器件通常就足够了。静态晶体管不会对输出 d 产生额外的负载，所以逻辑势不变。ϕ^* 簇逻辑势会随着新旧时钟的整体电容比而增加，但静态反馈电路中的小尺寸晶体管可以最小化这个增幅。

　　静态方式也能在输出端用交叉耦合反相器实现。反馈反相器和锁存器第一部分的晶体管相竞争，因此增加了延迟。如果将反相器裁剪为锁存器剩下部分面积的 1/10，就会以固定量来减少锁存时的平均输出电流，但会增加逻辑势。前馈反相器的额外负载也会增加逻辑门的寄生延迟。

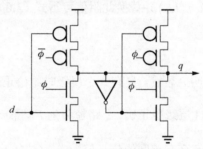

图 C.2　习题 4.1 的一种解

　　4.3　应该最小化反相器和反馈晶体管的尺寸，它们只用于防止漏电流。门的逻辑势依然是 2，这是因为此时输出驱动没有变，只是反相器和反馈晶体管的扩散电容引起了寄生延迟的增加。

　　4.5　对于 2-输入逻辑门来说不可能实现。

　　4.7　每个输入簇的簇逻辑势为 $g = 32/9$，因此在更大电气势和更多层级的需求下，二层级异或门的设计更适合。但当需求中层级较少时，单层级设计更适合。

　　4.9　见表 5.5 的各类制程下的延迟值。

C.5——第 5 章

　　5.1　结果依赖于你选用的制程。如果结果和本章数据的 2 倍或者更大倍数不同，那么结果存疑。

5.3　将两个与非门的输出连接起来。将 a 连接到一个与非门的 0 输入端和另外的 1 输入端，将 b 连接到第一个与非门的 1 输入端和 0 输入端，此时电路将完全对称。

C.6——第 6 章

6.1　不失一般性，假设 $g_f = g_a$ 且 $g_u = g_b$，替换方程（6.5）的左边，而后化简可得。

6.3　$D = 2\sqrt{\dfrac{336}{54(1-s)}}$。

6.5　锁存器变为静态的代价是额外的分支势 $1/r = (C_q + C_f)/C_q$，增加了路径势，也增加了由反馈门的扩散负载引起的寄生延迟。

6.7　中间的两个门会采用非对称设计。是的，非对称的程度取决于中间门的尺寸决定的电气势，中间门添加的分支势依赖于路径上的电气势。

C.7——第 7 章

7.1　见图 C.3。

7.3　图 7.4 中经历关键转换的每一个逻辑门的输出电流等于偏斜反相器的输出电流，其逻辑势是逻辑门的输入电容与偏斜反相器输入电容的比。对于具有 $2 + 1/2 = 5/2$ 单位输入电容的高偏斜反相器而言，其逻辑势为 $(5/2)/3 = 5/6$。其他关键转换的逻辑势的推演与这个过程相似。对于非关键转换而言，输出端的电流仅仅是关键转换的一半，所以其逻辑势为关键转换的 2 倍。平均逻辑势是所有上升和下降势的平均值。

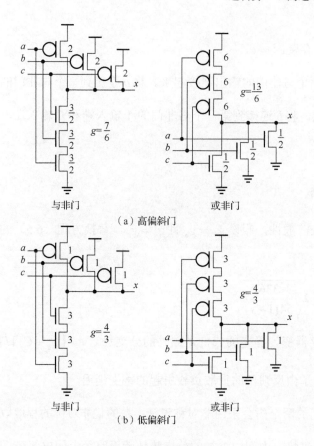

（a）高偏斜门

（b）低偏斜门

图 C.3　习题 7.1 的解

7.5　根据方程（7.11）计算 $\partial d / \partial r$ 的值，得到 $1 - k\mu / r^2$，令此表达式的值为 0，求 r 就可得方程（7.12）。

C.8——第 8 章

8.1　每一个逻辑门的上拉晶体管网络裁剪为参考反相器的 2/3，使其具有参考反相器 1/3 的上拉电流能力。逻辑门的下拉晶体管网络需裁剪得与参考反相器下拉电流能力一致，故下拉网络需为参考反相器的 4/3，部分电流损失用于抵抗上拉网络。对于具有 s 个串联晶体管的逻辑门，下拉晶体管宽度为 $4s/3$。因为下拉电流等于参考反相器的，下降转换的逻辑势是其输入电容与参考反相器输入电容的比值，即 $(4s/3)/3$，具体数据见表 8.1。上拉电流是下拉电流的 1/3，所以上升逻辑势是下降逻辑势的 3 倍大。平均逻辑势是所有上升和下降逻辑势的平均值。

　　8.3　并联使用三个反相器。在最坏的情况下，两个反相器拉升时一个降低，因此一个上拉网络能力是下拉的 1/8。每个 NMOS 晶体管的 4/3 和每个 PMOS 晶体管的 1/3 比例的下拉驱动能力等于一个单位反相器的。总输入电容为 5/3。因此下降转换的逻辑势为 $(5/3)/3=5/9$。上拉电流来自三个并联的晶体管，是单位反相器的 $3×(1/3)/2=1/2$。上升转换的逻辑势是下降转换的 2 倍，即 10/9。平均逻辑势为 5/6，与两输入对称或非门相同，优于伪 NMOS 门或静态 CMOS 门。

　　8.5　以下为非正式的证明。令 $\rho(1,p)$ 为方程 $p+\rho(1-\ln\rho)=0$ 的值。令 $\rho(g,p)$ 为逻辑势为 g 和寄生延迟为 p 时的最佳层级势。根据 N 来对方程（8.1）求导，以求解出最小延迟的 $\hat{N}$。给定最佳层级数，则层级势为 $\rho(g,p)=\left(Fg^{N-n_1}\right)^{1/N}$，将其代入到求导过程中：

$$\frac{\mathrm{d}\hat{D}}{\mathrm{d}N}=\left(Fg^{N-n_1}\right)^{1/N}\left(1+\frac{n_1\ln g}{N}-\frac{\ln F}{N}\right)+p=0$$

$$0=\rho(g,p)\left(1-\ln\left(Fg^{-n_1}\right)^{\frac{1}{N}}\right)+p$$

$$=\rho(g,p)\left(1-\ln\frac{p(g,p)}{g}\right)+p \tag{C.1}$$

　　现在假定式（8.2）是正确的，并将其代入式（C.1），可发现结果正确。表明代换有效：

$$0=g\rho\left(1,\frac{p}{g}\right)\left(1-\ln g\rho\left(1,\frac{p}{g}\right)\right)+p \tag{C.2}$$

$$=\rho\left(1,\frac{p}{g}\right)\left(1-\ln\rho\left(1,\frac{p}{g}\right)\right)+\frac{p}{g} \tag{C.3}$$

　　证明完毕。

8.7 逻辑势取决于反相器和传输门的尺寸。对于图 C.4 的设计，每个数据输入的逻辑势为 3，s_0^* 的逻辑势为 8，s_1^* 的逻辑势为 4。

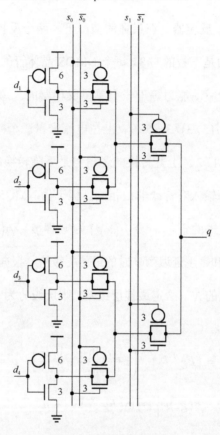

图 C.4 习题 8.7 的解

C.9——第 9 章

9.1 对每个 N 值，通过求解公式

$$N\left(\frac{H}{2\beta}\right)^{\frac{1}{N}} + Np_{\text{inv}} = (N+1)\left(\left(\frac{H}{2(1-\beta)}\right)^{\frac{1}{N+1}} + p_{\text{inv}}\right)$$

$$= (N-1)\left(\left(\frac{H}{2(1-\beta)}\right)^{\frac{1}{N-1}} + p_{\text{inv}}\right) \qquad （C.4）$$

得到 H 和 β 的值。

9.3　初始设计的最小延迟为42.2，最终反相器的大小为212。改进的设计复制了最后的与非门，并使用支路1上大小为69的与非门和支路2上大小为46的与非门实现了40.2的最小延迟。

C.10——第 10 章

10.1

$$\frac{F_1}{C_1} = D - P$$

$$\frac{F_2}{C_2} = \left(\frac{D-2P}{2}\right)^2$$

因此，

$$D^3 + D^2\left(-F_1 - 5P\right) + 4D\left(PF_1 - F_2 + 2P^2\right) + 4\left(-F_1P^2 + F_2P - P^3\right) = 0$$

取 $P=1$，在 F_1 和 F_2 的合理范围内，求方程（10.5）可得延迟为 $D+P$，比求解精确方程获得的延迟多 2%～11%，可通过电子数据表软件验证。

10.3　相信你能凭借自己的聪明才智设计出来！

C.11——第 11 章

11.1　根据德摩根定律，或非门可以由与非门和具有反向输入的反相器构成，由并联的 PMOS 晶体管和串联的 NMOS 晶体管构成与非门，其输出接反相器。这种实现结构需要交换或非门的原输入和补输入。对于 $\gamma \geqslant 1$，其单逻辑势低于或非门形式：

$$G(n) = 2^{n-1}\left(\frac{\gamma + \left(\dfrac{1-\dfrac{1}{2^n}}{1-\dfrac{1}{2}}\right)}{1+\gamma}\right) \tag{C.5}$$

11.3　见图 C.5。需要注意的是，相对于图 11.13，额外反相器的寄生延迟减小导致垂线向左移动，这证明采用二层级设计可以减小电气势。较低的寄生效应也导致顶部曲线向上移动，表明不太需要将选择器分成多个部分以减少寄生延迟。当第二个选择器从两个输入变成三个输入时，顶部曲线的突然跳动是由于上限函数的不连续引起的。

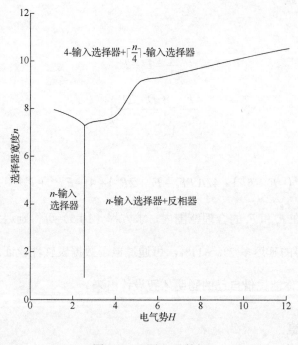

图 C.5　习题 11.3 的解

参 考 文 献

Bakoglu H B, 1990. Circuits, interconnections and packaging for VLSI. MA: Addison-Wesley.

Harris D, Horowitz M A, 1997. Skew-tolerant domino circuits. IEEE Journal of Solid-State Circuits, 31(11): 1687-1696.

Horowitz M A, 1983. Timing models for MOS circuits. Stanford: Stanford University.

Johnson M G, 1988. Asymmetric CMOS NOR gate for high-speed applications. IEEE Journal of Solid-State Circuits, 23(5): 1233-1236.

Leblebici Y, 1996. Design considerations for CMOS digital circuits with improved hot-carrier reliability. IEEE Journal of Solid-State Circuits, 31(7): 1014-1024.

Lyon R F, Schediwy R R, 1987. CMOS static memory with a new four-transistor memory cell. Proc. Stanford Conf. on Advanced Research in VLSI.

Mead C A, Conway L, 1980. Introduction to VLSI systems. MA: Addison-Wesley: 12.

Sutherland I E, Sproull R F, 1991. Logical effort: designing for speed on the back of an envelope. IEEE Advanced Research in VLSI, MIT Press.

Visweswariah C, 1997. Optimization techniques for high-performance digital circuits. Proc. IEEE Intl. Conf. Computer Aided Design: 198-205.

Weste N, Eshraghian K, 1993. Principles of CMOS VLSI design. 2nd ed. MA: Addison-Wesley: 219.

索　引